编 审 人 员

主　编　付爱斌

副主编　徐一兰　刘　行　赵艳岭

编　者　（以姓氏笔画为序）

邓沛怡　付爱斌　刘　行

苏晓琼　李　敏　吴国庆

陈　琼　陈家武　赵艳岭

姜放军　徐一兰

审　稿　史明清

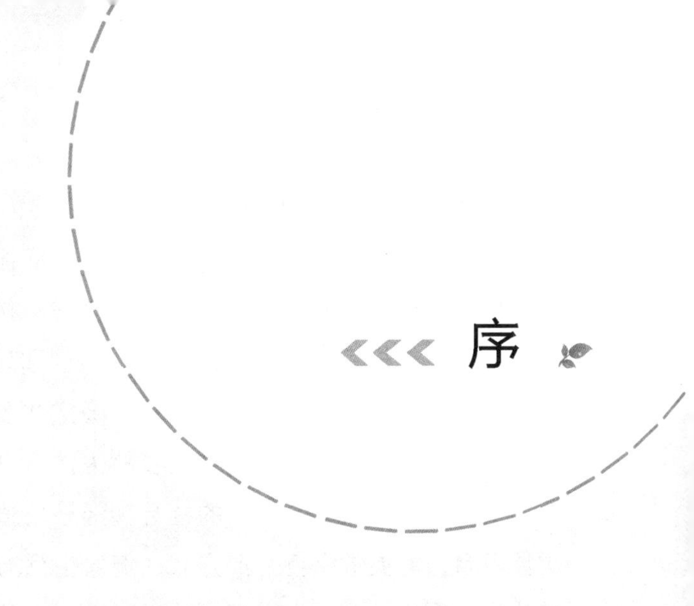

序

实施乡村振兴战略，是党的十九大做出的重大决策，是新时代“三农”工作的总抓手。实现乡村振兴，基础在产业振兴。习近平总书记强调，产业兴旺是解决农村一切问题的前提，要推动乡村产业振兴，构建乡村产业体系，实现产业兴旺。休闲农业促进了农业文化旅游“三位一体”、生产生态生活同步改善、一产二产三产深度融合，已成为农民就近就业增收的重要渠道和促进城乡融合发展的桥梁纽带，对于实现乡村振兴和全面小康有着十分重要的意义。

近年来，我国休闲农业有了长足的发展，产业规模迅速扩大，发展主体类型多元，产业布局不断优化，发展机制持续创新。2017 年我国休闲农业和乡村旅游接待人次已达 28 亿，营业收入超 7 400 亿元，从业人员达到 1 100 万人，带动 750 万户农民受益。从实践看，休闲农业依托农村资源，开发服务城乡居民的市场产品，一端连着田间地头，一端连着消费市场，不断吸引城乡各类要素资源向乡村汇聚。在农业供给侧，发掘了乡村的新功能新价值，把绿水青山转化为金山银山，让农业农村不仅可以为全国人民“搞饭”，也可以为城市人“搞绿”，为农村人“搞钱”；不但生产农产品，也生产生态产品、体验产品和文旅产品等，促进“农业＋”文化、教育、旅游、康养等产业，催生创意农业、教育农园、消费体验、民宿服务、康养农业等新产业新业态，为农业农村重塑产业形态，实现乡村产业变革。在需求侧，实现了消费主体的集聚，通过试吃体验、科普讲解等方式，发挥网站、公众号和电商的展示、互动、体验功能，帮助消费者获取对称的信息，让农业农村资源充分发挥价值。

休闲农业以其新颖的产业形态和有效的运行方式，日益展现出产业融合、资源整合和功能聚合的独特作用和迷人魅力，成为农民参与度高、受益面广的乡村产业，有力推动着乡村全面振兴。休闲农业能有效延伸农业的产业链、拓展功能链、提升价值链、构建利益链，是推动乡村产业振兴的有效抓手；将智创、文创、农创和现代科技、方式、理念引入乡村，吸引外部人才下乡进村创业、稳定本乡人才就地就近就业、激发各类人才努力进取兴业，是推动乡村人才振兴的重要平台；能深入挖掘沉睡的乡村资源，赋予其新的社会和经济价值，是推动乡村文化振兴的重要舞台；能促进绿色生产方式、健康生活方式和科学消费方式在乡村的推广，是推动乡村生态振兴的重要途径；能激励乡村产业体系、经营方式、经济关系的重塑，从而促进乡村治理体系和治理能力的重塑，是推动乡村组织振兴的重要推手。

为顺应休闲农业快速发展和持续创新的需要，回应各界人士对加强休闲农业理论研究和教学实践的关注，解决休闲农业专业学历教育与从业人员培训教材匮乏的问题，农业农村部乡村产业发展司和中国农业出版社组织全国十多所院校、部分省市休闲农业协会等单位编写的这套休闲农业系列教材，就休闲农业专业对接新型产业、人才培养进行了探索。这套教材结合国家现有相关政策，进一步明确了休闲农业专业与其他学科、专业的区别，既系统阐述了休闲农业专业的基础理论，又紧扣现代农庄、共享农庄、民宿等发展实践需求，有理论、有案例，对休闲农业专业人才与从业人员学习、培训有很好的参考价值。

当然，由于休闲农业是一种新兴产业，其理论研究需要不断探索和创新，这套教材也需要在今后休闲农业产业发展实践中逐步完善。

农业农村部乡村产业发展司司长

前言

近年来，休闲农业作为一种新型农业发展模式，在全国各地，特别是距离城市较近的交通方便的县、镇、村逐渐开展并日渐活跃起来。农业部会同国家发展改革委员会、财政部等14部委联合印发的《关于大力发展休闲农业的指导意见》中指出，当前休闲农业的发展现状与爆发式增长的市场需求不相适应，发展方式比较粗放，存在思想准备不足、基础设施滞后、文化内涵挖掘不够、产品类型不够丰富、服务质量有待提高等问题，亟须提档升级。在这样的背景下，部分高等院校已经开始培养休闲农业方面的专业人才，但在教学实践中还缺少系统性的休闲农业专业统编教材。

休闲农业系列教材的编写与出版成为广大从事休闲农业的专家、教师、职业农民及学生的迫切需求。在农业农村部、教育部的指导下和各省（自治区、直辖市）农业厅（委）的支持下，中国农业出版社依靠中国都市农业职教集团的精心组织和各地高职院校、休闲农业协会、涉农龙头企业、休闲农庄等的积极参与，整合优势资源和名师力量，共同策划、精心研发出一套休闲农业系列教材。《生态农业》被列入该系列教材名单。生态农业从提出到现在已有40多年的历史。2008年10月12日发表的《中共中央关于推进农村改革发展若干重大问题的决定》提出“发展现代农业，必须按照高产、优质、高效、生态、安全的要求”“促进农业可持续发展。按照建设生态文明的要求，发展节约型农业、循环农业、生态农业，加强生态环境保护”，到2020年建成“资源节约型、环境友好型”农业生产体系。希望本书能够为从事生态农业、休闲农业、庭院经济研究、教学、实践的专家、教师及职业农民提供一些有益的启示和指引。

《生态农业》作为休闲农业系列教材之一，由湖南生物机电职业技术学院、江苏农牧科技职业技术学院、江苏农林职业技术学院共同编写。湖南生物机电职业技术学院付爱斌同志主持了本书的编写，徐一兰、刘行、陈琼、陈家武、赵艳岭、苏晓琼、姜放军、邓沛怡等同志参与了编写工作。北京市农村经济研究中心吴国庆、李敏提供部分视频。湖南生物机电职业技术学院史明清同志审阅了书稿。本书共六章，较系统地介绍了生态农业概述，生态农业的技术类型与模式，生态农业的规划，生态农业发展的组织与管理，生态农产品，生态农业的资源利用、保护及污染治理等理念、知识和技能。本书适合休闲农业专业和农学类专业等高职专业教学和新型职业农民培训使用，也可供相关行业的从业者参考。

本书紧扣实际，注重系统性和实用性，内容翔实，语言通俗易懂。在编写过程中遵循“实用、够用、管用”的原则，力求少谈理论，多讲实务操作，文中还穿插了最新案例。在编写过程中，编写人员参阅和借鉴了有关专家和学者的一些资料与图片，还得到了湖南农业大学邹冬生教授等高等院校专家的指导。在此对参与编写及给予指导的专家、学者表示诚挚的谢意。

限于编者水平，加之编写时间仓促，书中疏漏之处在所难免，敬请指正，对此谨致以最真诚的谢意。

编　者

2018年12月

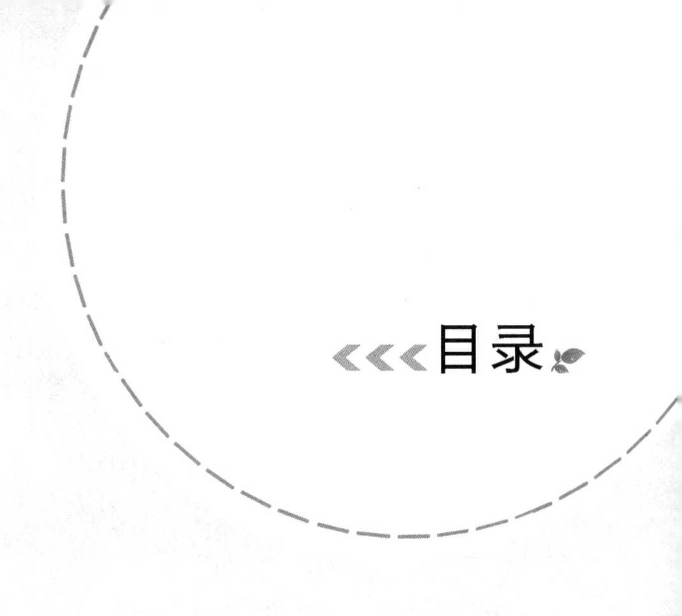

目录

CHAPTER 1

第一章 生态农业概述

【教学目标】

1. 掌握生态农业的概念；
2. 理解生态农业的内涵、特点及作用；
3. 了解国内外生态农业的发展概况及我国发展生态农业的意义；
4. 熟悉生态农业的相关原理；
5. 学会将生态学的思维融入到农业活动中；
6. 能够根据生态学相关原理进行农业规划与设计，实现农业可持续发展。

第一节 生态农业的内涵与特点

一、生态农业的概念及内涵

（一）生态农业的概念

早在 1924 年，德国农学家鲁道夫·斯蒂纳（Rudolf Steiner）在他主讲的“生物动力农业”课程中最先提出生态农业的概念。“生态农业”（Ecological Agriculture）术语则是由美国密苏里大学土壤学家威廉姆·阿尔伯卫奇（William A. Albrecht）于 1970 年首次提出的。此后，英国农学家伍新顿（Marthe K. Worthington）发展并充实了生态农业的内涵，将生态农业定义为“生态上能自我维持、低输入，经济上有生命力，在环境、伦理和审美方面可接受的小型农业”。其中心思想是把农业建立在生态学的基础上。随后，各国对生态农业提出了各自的定义。

国内学者关于生态农业定义的阐述也有多种，虽然定义有所不同，但对生态农业的核心问题，大多数学者的看法还是趋于一致的，即从总体上认为，我国生态农业是遵循自然规律和经济发展规律，以生态学、生态经济学原理为指导，以“整体、协调、循环、再生”为基本原理，以生态、经济、社会三大效益协调统一为目标，运用系统工程方法和现代科学技术建立起来的生态和经济协调发展的多层次、多结构、多功能、多模式的综合农业生产体系。

（二）生态农业的内涵

概括来讲，生态农业的内涵有以下几个方面：

（1）生态农业是对农业生态本质的最充分表述，是生态型集约农业生产体系。它要求人们在发展农业生产过程中，以生态学和生态经济学原理为指导，尊重生态和经济规律，保护生态，合理配置资源，防治污染，提供清洁食物和优美环境，把农业发展建立在健全的生态基础之上。

（2）生态农业不仅是最充分体现农业生态本质的生态化农业，而且是一种人工生态系统的科学化农业。因此，生态农业的本质是生态化和科学化的有机统一。

（3）生态农业是现代农业发展的优化模式。生态农业的生态化和科学化有机统一的本质，决定了生态农业是以“生态为基础、科技为主导”的新型现代农业。它不是农业发展的一般类型，而是现代农业的优化模式，标志着现代农业发展的一个崭新阶段。

（4）生态农业是一个农业生态经济复合系统，它将农业生态系统与农业经济系统综合统一起来，以取得最大的生态经济整体效益。它要求把发展粮食生产与发展多种经济作物生产，发展大田种植与发展林、牧、渔业，发展大农业与发展二三产业结合起来，利用传统农业精华和现代科技成果，通过人工设计生态工程，协调发展与环境之间、资源利用与保护之间的矛盾，形成生态上与经济上两个良性循环，达到经济、生态、社会三大效益的统一。

二、生态农业的特点与作用

（一）生态农业的特点

简言之，生态农业追求的目标就是在洁净的土地上，用洁净的生产方式生产洁净的食品，提高人们的健康水平，促进农业的可持续发展，把人类梦想的“青山、绿水、蓝天、生产出来的都是绿色食品”变为现实。

生态农业区别于传统农业模式：首先，生态农业运用生态学原理和系统科学方法对农业进行设计，因地制宜，采用生态技术，不会对生态环境造成破坏，有利于建设高效的农业生态系统和可持续发展的农业；其次，生态农业是在良好的生态条件下从事高产量、高质量、高效益的“三高”农业，不单纯着眼于当年效益，而是追求经济效益、社会效益和生态效益的有机统一，使整个农业生产步入可持续发展的良性循环。生态农业的这种生产方式能够最大限度地保护和利用好地球资源，把废弃物的排放减到最低限度，甚至是“零污染”，使有限的资源进入生态系统无限循环利用的模式当中，进行自然机体正常的“新陈代谢”，能够极大地提高资源转化成产品的效率，从而建立一个综合发展、多极转化、良性循环的高效农业综合体。

在中国，生态农业的主要特点具体表现为：

1. 综合性 生态农业突破了单一狭隘的产业限制，强调发挥农业生态系统的整体功能，以大农业为出发点，按“整体、协调、循环、再生”的原则，全面规划、调整和优化农业结构，使农、林、牧、渔各业和农村一二三产业综合发展，并使各业之间互相支持，相得益彰，提高综合生产能力。

2. 多样性 生态农业针对我国地域辽阔，各地自然条件、资源基础、经济与社会发展水平差异较大的情况，充分吸收我国传统农业精华，结合现代科学技术，以多种生态模式、生态工程和丰富多彩的技术类型装备农业生产，使各区域都能扬长避短，充分发挥地区优势，各产业都根据社会需要与当地实际协调发展。

3. 生态性 生态农业强调农业的生态本质，要求人们在发展农业生产过程中，尊重生态经济规律，协调生产、发展与生态环境之间的关系，保持生态，合理配置资源，防治污染，提供清洁产品和优美环境，把农业发展建立在健全的“绿色生产”的生态基础上，寻求发展经济与保护环境、资源开发与可持续利用相协调的切入点。

4. 高效性 生态农业通过物质循环和能量多层次综合利用和系列化深加工，实现经济增值，实行废弃物的资源化利用，降低农业成本，提高效益，为农村大量富余劳动力创造农业内部的就业机会，从而保护农民从事农业的积极性。

5. 可调控性 可根据生态学原理对农业生产的各个环节进行调控。自然调控与人为调控相结合，通过资源的充分利用、工程措施与生物措施的运用等，变不利因素为有利因素，促进农业发展。

6. 可持续性 发展生态农业能够保护和改善生态环境，防治污染，维护生态平衡，提高农产品的安全性，变农业和农村经济的常规发展为可持续发展，把环境建设同经济发展紧密结合起来，在最大限度地满足人们对农产品日益增长的需求的同时，提高生态系统的稳定性和可持续性，增强农业发展后劲。

（二）生态农业的作用

1. 实现可持续发展的重要途径 随着人民生活水平的不断提高，人们对生态质量和环境的要求越来越高，健康消费、绿色消费正成为人们的消费主流。发展生态农业，不仅能够解决长期以来粗放的农业生产方式带来的资源短缺、生态破坏和环境污染等问题，提高农业综合生产能力，而且有利于人民群众生活质量的提高，有力地促进农业发展战略的转移和加速农业现代化的进程。实践证明，生态农业符合世界农业发展的基本方向，是实现可持续发展的重要途径。

2. 有利于农村经济发展 总体来说，农村经济还比较落后，农村居民人均可支配收入还比较低，虽然基本解决了温饱，但在奔小康的进程中，办法不多，步伐不快，收入增长缓慢，发展极不平衡，因灾返贫的现象时有发生。解决这些问题的关键就在于如何将千家万户的小生产同千变万化的大市场联系起来，如何将产品变为商品、把资源优势变为经济优势。借鉴林区农业发展的实际经验，达到这一目的的根本途径就是发展生态农业。生态农业建设，有助于调整农业生产结构，改变农业增产的单一方式，优化农业生产布局，推进农业产业化经营，提高农业综合生产能力，发展高产、优质、高效、生态、安全农业，促进农业和农村经济发展，增加农民收入，改善农业和农村生态环境，推进乡村文明建设，为加速社会主义新农村建设奠定雄厚的物质基础。

3. 具有良好的生态功能 生态农业以生态与环境建设为基础，坚持绿化环境与生产绿色食品相结合。注重农业生产经营与生态状况的协调、互补，净化水质、土壤、空气，突出洁、净、绿的特点。同时，通过建生态公益林、休闲农区和绿色食品生产基地，增加农业生产过程中的天然色彩，创造青山绿水、花果飘香的环境，建设天然的田野花园和绿色屏障。

4. 具有良好的旅游功能及观赏价值 通过旅游开发，生态农业以清新的田园风光、淳朴的乡村风情，为城乡居民和游客提供洁净、优美、自然的休闲度假场所，提供具有乡土特色的农业休闲度假服务，让游客亲近农业、亲近自然，体验吃农家饭、住农家院、做农家活、看农家景的乡居生活，从而愉悦心情，陶冶情操。

第二节 生态农业的发展概况

一、国外生态农业发展概况

（一）国外生态农业发展背景

1. 人类面临的严峻生态环境问题 西方生态农业受启于我国传统的自然生态农业。我国古代以农立国，农业文明曾领先于世界长达三四千年。到近、现代，随着西方工业革命的成功，欧美发达国家将大量的机械、石油、化肥、农药投入了农业，取得了空前的农业产量。正当发达国家为农业增产的奇迹而窃喜，广大发展中国家纷纷把发达国家的这种农业现代化看作是样板时，从20世纪70年代初开始，石油农业开始暴露出诸如能源危机、自然资源缺乏、环境污染和生态平衡失调等一系列问题，造成了现代农业体系内在的不稳定性和不可持续性，使得石油农业在经过迅速发展之后陷入困境，面临着严峻的挑战，由此引发了西方人士对所谓“石油农业”的反思。1962年美国女科普作家莱切尔·卡逊出版了《寂静的春天》一书，指出美国农业、商业为追逐利润滥用农药，造成生物物种减少、生态失衡，引起世人大哗。

为处理和解决人类环境和生存问题，1992年联合国在巴西召开了世界各国首脑会议，通过了《里约宣言》和《21世纪议程》等一系列主要文件。《21世纪议程》中这样指出：“地球所面临的最严重问题之一，就是不适当的消费和生产模式，导致环境恶化、贫困加剧和各国的发展失衡。”而无论是发达国家还是发展中国家，都面临着农业的发展道路问题，即如何充分合理地利用自然资源来稳定、可持续地发展农业，同时又保护环境和农业生态平衡。正是在这种情况下，人们提出了“生态农业”的概念和设想。

2. 消费者对安全食品的强烈需求 农业生态系统是有生命的复杂系统，包括人类在内，系统中的生物成员与环境具有内在的和谐性。人既是系统中的消费者又是生态系统的精心管理者，人类的经济活动直接制约着资源利用、环境保护和社会经济的发展。20世纪后半叶，大量施用化肥、农药，不仅引起水体污染，造成生态环境的破坏，而且使粮食、蔬菜、水果和其他农副产品中的有毒成分增多，影响食品安全，危害人体健康；在英国及一些欧盟国家，采用反刍动物肉骨粉等非天然饲料饲喂牛羊造成“疯牛病”蔓延的事件曝光后，人们为“疯牛病”的肆虐而忧心忡忡；比利时等国家一些畜牧场给畜禽饲喂含剧毒致癌物质二噁英的配合饲料的事件被证实后，消费者对人工合成饲料产生了不信任感，担心饲料不安全；许多家庭为转基因食物的发展担惊受怕等。所有这一切，都使得消费者越来越青睐生态、环保食品，从而推动了生态农业的迅速发展。

3. 国际贸易中的绿色壁垒 20世纪90年代以来，发达国家陆续采用绿色壁垒来限制农产品的进口。绿色壁垒是绿色贸易壁垒的简称，它是指在现代国际贸易中，产品的进口国以保护有限资源、人类和动植物的卫生健康、生态环境为名，通过制定、颁布、实施严格的环境保护法律法规和苛刻的环境保护技术标准，使国外产品无法进入或进入时受到一定限制，以保护本国产品和市场为目的的贸易保护措施，实质上是技术壁垒。生态农业能有效地控制和提高农产品的品质，成为应对绿色壁垒的有效途径，因而各国更加重视生态农业的发展，制定专门政策来鼓励发展生态农业。

近半个世纪以来，人们为了摆脱困境，先后提出了“有机农业”（美国等）、“生物农业”（西欧各国）、“精久农业”（美国、英国及发展中国家）、狭义“生态农业”（欧美及亚洲国家）等“替代农业”（Alternative Agriculture），以积极探索农业发展的新途径。尽管国外生态农业在概念表述上略有不同，但其目的都是为了保护生态环境，合理利用自然资源，实现农业的可持续发展。经过世界各国的有益实践，多种替代农业在保护环境、节约资源、缓解生态危机方面，都取得了一定成效，但同时也因减少或拒绝“石化能”的投入，降低了产出和效益，发展十分缓慢。而生态农业汲取了传统农业与现代农业的精华，在不断提高生产率的同时，保障生物与环境的协调发展，是高效、稳定的新型农业生产体系，具有顽强的生命力和广阔的发展前景。

（二）国外生态农业发展历程

生态农业最早于1924年在欧洲兴起。20世纪30年代和40年代，生态农业在瑞士、英国和日本得到发展。20世纪60年代，欧洲的许多农场转向生态耕作。20世纪70年代末东南亚地区开始研究生态农业。至20世纪90年代，生态农业得到各国政府的补贴和支持，在世界各国均有了较大发展。

1. 探索阶段 生态农业最初只由个别生产者针对局部市场的需求而自发地生产某种产品，这些生产者组合成社团组织或协会。英国是最早进行有机农业试验和生产的国家之一。自20世纪30年代初英国农学家霍华德提出有机农业概念并相应组织试验和推广以来，有机农业在英国得到了广泛发展。在美国，替代农业的主要形式是有机农业，最早进行实践的是罗代尔（J. I. Rodale），他于1942年创办了第一家有机农场，并于1974年在扩大农场和过去研究的基础上成立了罗代尔研究所，成为美国和世界上从事有机农业研究的著名研究所，罗代尔也成为美国有机农业的先驱。但当时的生态农业过分强调传统农业，实行自我封闭式的生物循环生产模式，未能得到政府和广大农民的支持，发展极为缓慢。

2. 关注阶段 到了20世纪70年代后，一些发达国家伴随着工业的高速发展，污染导致的环境恶化也达到了前所未有的程度，尤其是美国、日本和欧洲一些国家工业污染已直接危及人类的生命与健康。这些国家感到有必要共同行动，加强环境保护以拯救人类赖以生存的地球，确保人类生活质量和经济健康发展，从而掀起了以保护农业生态环境为主的各种替代农业思潮。法国、德国、荷兰等西欧发达国家也相继开展了有机农业运动，并于1972年在法国成立了国际有机农业运动联盟（IFOAM）。英国在1975年国际生物农业会议上，肯定了有机农业的优点，使有机农业在英国得到了广泛的接受和发展。日本生态农业的提出，始于20世纪70年代，其重点是减少农田盐碱化、农业面源污染（农药、化肥），提高农产品品质安全。菲律宾是东南亚地区开展生态农业建设起步较早、发展较快的国家之一，玛雅（Maya）农场是一个具有世界影响的典型。1980年，在玛雅农场召开了国际会议，与会者对该生态农场给予高度评价。生态农业的发展在这一时期引起了各国的广泛关注，无论是发展中国家还是发达国家都认为生态农业是农业可持续发展的重要途径。

3. 稳步发展阶段 20世纪90年代后，特别是进入21世纪以来，实施可持续发展战略得到全球的共同响应，可持续农业的地位也得以确立。生态农业作为可持续农业发展的一种实践模式和一支重要力量，进入了一个蓬勃发展的新时期，无论是在规模、速度还是在水平上都有了质的飞跃。如奥地利于1995年实施了支持有机农业发展特别项目，国家提供专门资金鼓励和帮助农场主向有机农业转变。法国也于1997年制订并实施了“有机农业发展中期计划”。日本农林水产省已推出“环保型农业”发展计划，2000年4月推出了有机农业标准，于2001年4月正式执行。发展中国家也已开始绿色食品生产的研究和探索。一些国家为了加速发展生态农业，对进行生态农业系统转换的农场主提供资金资助。美国一些州政府就是这样做的：艾奥瓦州规定，只有生态农场才有资格获得“环境质量激励项目”；明尼苏达州规定，有机农场用于资格认定的费用，州政府可补助2/3。这一时期，全球生态农业发生了质的变化，即由单一、分散、自发的民间活动转向政府主动倡导的全球性生产运动。各国大都制定了专门的政策鼓励生态农业的发展。

（三）国外生态农业发展现状与经验

1. 国外生态农业发展现状 从20世纪90年代开始，生态农业发展最快的是欧盟。欧盟生态农业生产者数量增长率连年保持在25%以上。德国是生态食品的消费大户，其生态食品市场占整个欧盟的30%。除德国外，欧洲生态食品消费较多的国家还包括法国、英国、荷兰、瑞士、丹麦和意大利，产品种类包括作物产品、奶制品、肉类、水果等。生态食品的价格尽管比一般食品贵，但在西欧国家、美国等生活水平比较高的国家仍然受到人们的青睐。尤其是随着生态农业得到广大消费者、政府和企业的一致认可后，消费生态食品已成为一种新的消费时尚。不少工业发达国家对生态食品的需求大大超过了对本国非生态农产品的需求。随着世界生态农产品需求的逐年增加和市场全球化的发展，生态农业已成为21世纪世界农业的主流和发展方向。

生态农业的规模也在不断扩大，发展速度不断加快。据国际有机农业运动联盟统计，截至2009年，全球162个国家已经开始发展生态农业，全球生态用地面积共计3 200万hm^2。其中澳大利亚生态用地面积最大，拥有600万hm^2，占世界总生态用地面积的19%；中国约有450万hm^2，仅次于澳大利亚居世界第二；意大利和美国分别有145万hm^2和138万hm^2。预计到2020年，全球生态农业生产面积将占农业生产面积的20%～35%。

此外，随着广大消费者对自身健康和环境保护的关注，对生态农产品的需求量，不仅在其主要消费市场如欧洲、北美洲和日本，而且在其他许多国家包括发展中国家，都在增长。这也为生态农业的发展提供了巨大的市场空间。生态农产品产值方面，根据对现有的生态农业相关产品销售额的分析，预计到2020年，欧洲国家生态农业相关产品的销售额将会达到1 800亿美元，亚洲国家则会突破800亿美元，发展态势乐观。

2. 国外生态农业发展经验 生态农业为现代农业生产提供了新的思路和发展模式，发达国家在对生态农业的研究和实践过程中，积累了很多经验。在制度和立法层面都有了很多成果，如美国对低投入的立法规范、包括德国在内的欧盟国家对化学农药的严格管理、澳大利亚的可持续发展的国家农林渔业战略、日本的“环保型农业”发展计划等，都为我国生态农业建设提供了切实可行的借鉴。

（1）政府的大力支持。无论从各个国家的生态农业发展的历史来看还是从现状来看，生态农业的发展均得到了政府的大力支持。生态环境建设的项目多数在短期内没有直接利润产出，因此市场无法予以有效调控。同时，环境净化、生态建设的对象多系公共资源，对该类资源的使用具有无竞争性与非排他性。因此，国家必须通过法制手段，对有关环境方面的诸多问题予以有效约束，为生态农业的发展提供有利的社会外部氛围及其内部软环境整合。政府的财政支持也发挥了重要的作用，每年政府都拨出专项资金以发展生态农业，对实施生态耕种的农场进行补贴，既保证了农民的收入，也刺激了农民发展生态农业的积极性。

（2）各国都非常重视生态农业发展的研究。许多大学、科研院所等开展了生态农业的研究工作，培养了大量的科研人员。参加生态农业研究的人员包括遗传、育种、栽培、生态、生化、土壤、植保、园艺、水产养殖、畜牧、林学、生物工程及资源经济学等专业的人员。在发展生态农业的过程中，各国也非常注重生态农业建设中的组织工作，并以现代化科技为依据把科研、教学与推广密切结合起来，所有这些都为生态农业的发展提供了良好的基础。

（3）生态农产品的需求旺盛，经营生态农业有利可图。随着生态环境的恶化和食物安全事件的不断发生，特别是“疯牛病”等疫情的先后暴发，人们对食物安全越来越关注，这引起了消费者对生态农产品的广泛关注。生态农业不仅提高了食物的质量同时也保护了环境，生态农产品的需求市场逐渐成为食物的“主流”市场。对于农场主而言，生态农业生产同常规农业生产相比，其特点是：实物产出数量少，但产品价格较高。生态农业在为农场主提供新的就业途径的同时，也提供了丰厚的经济收入。另外，各国政府对生态农业发展的支持政策、财政政策等，也为经营生态农场提供了保障。

（4）培训、信息服务及观念的推行。为鼓励农民发展生态农业，各国政府在对生态农业这一跨学科问题进行综合研究的同时，也建立了许多技术示范推广基地，为农民提供培训和咨询服务，使农民真正地理解生态农业可以促进人类健康、保护环境，同时增加农民的收入。培训及信息服务的内容包括如何通过使用有机肥、种植绿肥、作物轮作、生物防治等技术来发展生态农业，还包括对目前的食品市场的新认识、促进有关研究和技术的发展，以及对实践中形成的经验进行总结和推广，同时帮助消费者了解生态产品的价值和特点，使消费者取得这样的共识，即农业不仅是一个经济部门，更是一个与所有国民的健康和安全休戚相关的部门。农业生产必须日益紧密地与经济、社会和生态环境的可持续发展目标结合在一起。

二、我国生态农业发展概况

（一）我国生态农业发展背景

生态农业之所以能在我国迅速发展起来，是与我国深厚古老的农业传统背景分不开的。我国自古以农立国，具有有机农业的良好基础，农业生产的许多优良传统和生产经验都符合生态农业原则。事实上，从我国古代的《诗经》到近代最后一部整体古农书《授时通考》可以看出，朴素的生态思想是一以贯之、不断发展的，它是我国古代农学理论的精髓。千百年来，我国农民在生产实践中强调：土地用养结合，使“地力常新壮”；循环利用，低能消耗；“天地人合一”，人和大自然结合，合理改造大自然。而农书《农桑辑要》《农桑衣食撮要》等，从书名到内容都强调了种植业与各业相结合的思想。《沈氏农书》把养猪、酿酒、种庄稼联系到一起，指出“耕稼之家，惟此最为要务”，这不就是我们所提倡的“种、养、加”相结合吗?“相继而生成，相资以利用”，这正是我们所强调的物质的循环利用、重复利用，促使经济效益不断增长。由此可见，生态农业的建设与推广，是跟我国传统农业习惯十分符合的，这是生态农业在我国获得迅速发展的重要因素。

而我国现代生态农业的产生和发展则是最近几十年的事情。它的产生离不开两个背景：

（1）国际可持续农业运动的兴起。第二次世界大战结束后，大量的人力、物力和技术应用于包括农业在内的民用产业，农业生产不断受到先进的科学研究成果（如绿色革命）和新兴学科（如生物工程）的影响，加上当时国际能源市场价格下跌，发达国家进入以化肥、农药、灌溉、设施温室、饲料、兽药、疫苗、种子、农业生产机械科技投入为中心的农业现代化时期，到20世纪70年代以后已经达到非常高的水平，这一时期世界农业取得了飞速的发展。但是，这种现代化农业是建立在以大量消耗自然资源和人力、资金的基础上的，因此它也带来了许多严重的弊端，引发了一系列的问题，包括耕地减少、植被破坏、荒漠化、环境污染、温室效应、生物多样性丧失、食品安全、能源危机等。这些问题的出现促使人类开始思考农业发展的政策、机制、技术和经营方式，随之提出了变革性的农业发展思路，如节水农业、有机农业、替代农业、生物农业、生态农业、绿色农业、复合农业、环境友好型农业和可持续农业等。这些概念的提出反映了一种适应时代变革和探索农业可持续发展的迫切愿望。人们意识到发展农业不但要提高产量、满足人们对农产品的数量需求，还要提高产品质量，确保食品安全，满足人们对农产品的质量要求；不仅要提高土地产出率，获得高的经济效益，更要注重生态效益，发挥生态系统和环境服务功能，实现农业与资源环境的协调发展，提高农业发展的水平和品质。

（2）我国农业发展中的生态环境问题。20世纪50年代以前，我国农业基本属于自给自足的传统农业，进入60年代后，逐渐开始向传统现代化农业过渡，到了70年代末80年代初，尽管我国的农业发展水平与西方发达国家相比仍有很大差距，但是在西方国家暴露出来的一些传统现代化农业的弊端也在我国农业中开始显现：化肥和农药的过量施用导致各种环境污染加重；农业灌溉用水的大幅度增加导致水资源过量开采；过度垦荒、乱砍滥伐及超载过牧等导致水土流失及土壤沙化现象严重等。这些问题的出现，引起了我国农业、生态和生态经济等领域的科技工作者的重视，开始重新认识我国农业发展的方向，以及在生态学思想指导下的农业可持续发展道路，同时也标志着我国现代生态农业的兴起。

（二）我国生态农业发展历程

我国从自己的国情出发，于20世纪70年代末期开始进行生态农业的试验和建设。经过40年的时间，具有中国特色的生态农业在我国得到了迅速发展。中国生态农业的发展过程大体上可分为四个阶段：

1. 起步阶段（20世纪70年代末期到80年代初期） 生态农业发展的第一阶段，主要从学术研究角度对生态农业这一新生事物进行理论探讨，并组织技术力量开展试验研究；主要标志是学术界明确提出了生态农业的概念，初步阐述了生态农业的基本原理，在一些地方进行了生态农业的试点。20世纪70年代末学术界开始提出用生态学原理进行农业建设的问题。1980年，中国农业经济学会在银川召开了“农业生态经济问题学术讨论会”，西南农业大学的叶谦吉教授首次提出生态农业概念，此后，包括叶谦吉、马世骏、石山等在内的许多专家、学者从不同角度阐述了生态农业的概念，生态农业的内涵不断得到补充和完善，生态农业的影响也不断扩大。山西省闻喜县、辽宁省大洼县、湖南省南县等地，出现了一批“生态农业户”“沼气生态户”“生态示范户”等。北京市环境保护研究所在北京大兴留民营村建立了生态农业试点，成为中国第一个生态农业村，为生态农业的大规模发展积累了丰富的经验。1982年，中国农业环境保护协会在四川乐山召开综合学术讨论会，正式向主管部门提出了发展生态农业的建议。随后，国务院环境保护领导小组开始组织生态农业试点工作。

2. 探索阶段（20世纪80年代中期到90年代初期） 这一阶段的基本标志是完善了生态农业的基本概念，发表了大量的研究论文，初步形成了具有中国特色的生态农业理论体系。1984年5月，国务院在《关于环境保护工作的决定》中指出“要认真保护农业生态环境。……积极推广生态农业，防止农业环境的污染和破坏”。1985年6月，国务院环境保护委员会转发了《关于发展生态农业，加强农业生态环境保护工作的意见》。在政府部门的号召和支持下，全国大部分省、自治区、直辖市开展了生态农业的研究和示范试点工作。1987年，马世骏和李松华主编的《中国的农业生态工程》在科学出版社出版，这是第一部全面阐述生态农业的著作，为我国生态农业建设提供了理论基础，对我国生态农业的发展起到了重要作用。之后，陆续出版了大批著作和研究论文。1991年国家在《中华人民共和国国民经济和社会发展十年规划和第八个五年计划纲要》中提出了“继续搞好环保示范工程和生态农业试点”；1992年国家把发展生态农业作为环境与发展十大对策之一，提出要增加生态农业的投入，推广生态农业；1993年国务院7部、委（局）成立了“全国生态农业试点县建设领导小组”，并召开了“第一次全国生态农业试点县建设会议”，把生态农业建设纳入了政府工作议程；作为可持续农业的一种模式，发展生态农业被写入《中国21世纪议程》，自此，生态农业已经突破了学术研究的范畴而成为一种政府行为。

3. 全面推进阶段（20世纪90年代中后期） 这一阶段的突出标志是全国性生态农业试点县建设工作全面展开，生态农业理论与方法研究不断深化，中国生态农业的成就开始为世界关注。1994年，国务院批准了7部、委（局）提出的《关于加快发展生态农业的报告》，要求各地积极开展生态农业建设试点工作；1995年，国家环保局组织实施了农业生态、乡镇企业、生物多样性保护、生态恢复、污染控制、资源合理利用等方面的生态示范区111个；1996年中共十四届五中全会提出“大力发展生态农业”；1997年中共十五大又一次提出发展生态农业。1997年8月5日江泽民同志在《关于陕北地区治理水土流失建设生态农业的调查报告》上做了“植树造林、绿化荒漠、建设生态农业”的重要批示。“大力发展生态农业”被列入《中华人民共和国国民经济和社会发展“九五”计划和2010年远景目标纲要》。发展生态农业作为我国实施可持续发展战略重要措施之一的政策方针得到确立。

20世纪末，全国不同类型、不同级别的生态农业建设试点已达3 000多个，生态农业建设示范面积已超过6 500 hm^2，约占全国耕地面积的7%；大大提高了农民的收入水平和生活质量，提高了农民科学种田和经营的水平。各地区在生态农业建设中，都把制订规划作为首要任务，并进行科学论证，通过人民代表大会讨论，纳入地方发展规划，并建立了政府统一领导、部门分工协作的工作机制，形成了系统、综合的工作活力。

4. 创新发展阶段（21世纪以来） 世纪之交，我国加入了世界贸易组织（WTO），农业的国际化需求更加明显，开放度更大。我国生态农业在经历了约20年的发展后，积累了丰富的正反两方面的经验和教训，不断整合、深化和扬弃，进一步与农村发展、农民致富和农村城镇化相结合，农业产业化、农产品的无公害化已经成为我国生态农业的重点趋向。2002年11月，在北京召开了题为“新时期中国生态农业的机遇、挑战与对策”的第195次香山科学会议，李文华院士和程序教授分别做了《中国生态农业发展的简要回顾及当前面临的机遇与挑战》和《国际可持续农业最新进展及对中国生态农业发展的启示》的主题评述报告，探讨了我国生态农业发展的若干新的领域与发展途径。有人提出了生态农村和生态转型的思路，农业清洁生产研究与实践逐渐活跃起来，生态观光农业也成为生态农业中新的亮点。至此，生态农业的发展进入了与区域经济、产业化和农村生态环境建设紧密结合的新阶段。

（三）我国生态农业发展现状与存在的问题

从20世纪70年代末到现在，我国对生态农业的理论发展和生产实践进行了大量的研究和模式创新。经过40年的经验总结，初步形成了生态农业技术体系，在一定程度上取得了一定的社会经济和生态效益。目前，我国在生态农业的理论研究、试验示范、推广普及等方面已经取得了很大的成绩，我国生态农业得到了长足发展。特别是20世纪90年代以来开展的全国生态农业试点县建设和生态富民家园计划，在世界上都是最大规模的开创性工作，并且取得了可喜的成效，也展示了广阔的发展前景，不仅为我国农业的可持续发展提供了一条有效的途径，而且对国际上特别是为发展中国家提供了典型示范。另外，一些典型生态农业建设模式，由于贴近百姓，具有多种功效，深受农民欢迎。比如将沼气池、猪舍、厕所和温室大棚组装配套的北方“四位一体”能源生态模式，既解决了沼气池越冬常年产气的难题，又促进了北方冬季的庭院经济发展。目前我国生态农业建设全面展开，通过生态农业建设，土壤得到改良，有利于作物的生长；粮食增产，增加了农民收入，改善了农村的生活环境；收获绿色食品与改善生态环境，有益农民的身心健康等。当前我国生态农业建设已经走上制度化与规范化的道路。

但我国生态农业建设由于基础薄弱而发展又较快，所以在发展过程中暴露出的问题也不少，如农产品的成本高；化肥、农药的大量使用；土壤中有毒和有害物质含量超标；以水源、地力为核心的资源环境长期超载使用；加入WTO后的我国农牧产品逐渐走向国际市场，但因产品质量不合格而屡屡被拒等。这些问题致使农业的可持续性受到威胁，农业环境资源短缺与农业系统内资源闲置浪费并存。这些问题正成为限制生态农业进一步发展的障碍。综合来看，问题的根源在于：

1. 理论基础尚不完备 生态农业是一个复杂的系统工程，它需要包括农学、林学、畜牧学、水产养殖学、生态学、资源科学、环境科学、加工技术科学以及社会科学在内的多种学科的支持。以前的研究，往往是单一学科的，因此可能对这一复杂系统中的某一方面有了一定的甚至是比较深入的了解，但是对于这些方面之间的相互作用还知之甚少。因此，需要进一步从系统、综合的角度，对生态农业进行更加深入的研究，特别是要素之间的耦合规律、结构的优化设计、科学的分类体系、客观的评价方法等方面。这种研究应当建立在对现有生态农业模式进行深入调查分析的基础上，必须超越生物学、生态学、社会科学和经济学之间的界限，应当是多学科的交叉与综合，需要多种学科专家的共同参与，需要建立生态农业自身的理论体系。

2. 技术体系不够完善 在一个生态农业系统中，往往包含了多种组成成分，这些成分之间具有非常复杂的关系。例如，为了在鱼塘中饲养鸭子，就要考虑鸭子的饲养数量，而鸭子的数量将受到水的交换速度、水塘容积、水体质量、鱼的品种类型和数量、水温、鸭子的年龄和大小等众多条件的制约。在一般情况下，农民们并没有足够的理论知识和经验对这一复合系统进行科学的设计，只能简单地照搬另一个地方的经验，因而往往无法取得成功。但目前在生态农业的实践中，还缺乏对技术措施的研究，既缺乏对传统技术如何发展的研究，也缺乏对高新技术如何引进等问题的研究。

3. 政策方面存在着需要完善的地方　如果没有政府的支持，就不可能使生态农业得到真正的普及和发展。而政府的支持，最重要的就是建立有效的政策激励机制与保障体系。虽然目前我国农村经济改革是非常成功的，但是对于生态农业政策的贯彻，还有许多值得完善的地方。在有些地方，由于政策方面的原因，农民不能对土地、水等资源进行有效的保护。

4. 农产品价格方面的因素，有时也成为生态农业发展的一个限制因素　对于比较贫困的人口来说，食物的安全保障可能更为重要；对于那些境况较好的农民来说，较高的经济效益，才能成为刺激他们从事生态农业的基本动力。

5. 服务水平和能力建设不能适应要求　对于生态农业的发展，服务与技术是同等重要的。但目前尚未建立有效的服务体系，在一些地方，还无法向农民们提供优质品种、幼苗、肥料、技术支撑、信贷与信息服务。例如，信贷服务对于许多地方的生态农业发展都是非常重要的，因为对于从事生态农业的农民们来说，赢利可能往往在项目实施几年之后才能实现，在这种情况下，信贷服务自然是必不可少的。除此以外，信息服务也是当前制约生态农业发展的重要方面，因为有效的信息服务将十分有益于农民及时调整生产结构，以满足市场要求，并获得较高的经济收益。另外，尽管激励机制是十分需要的，但生态农业应当更趋向于开发一种机制，使农民自愿参与这一活动。要想动员广大的农民自觉自愿并能够自力更生地通过生态农业发展经济，能力建设自然就成为一个十分重要的问题。到目前为止，并没有建立比较有效的能力建设机制，对于更为重要的基层农民来说，很少有高水平的培训与学习的机会。

6. 农业的产业化水平不高　发展生态农业的根本目的是实现生态效益、经济效益和社会效益的统一，但在我国的许多农村地区，促进经济的发展、提高人民的生活水平仍然是一项紧迫的任务。目前生态农业的实际情况还不能满足这一需求，因为在一些地方，仅仅依靠种植业的发展，难以获得比较高的经济收益。我国加入 WTO，既为我国生态农业的发展提供了新的机遇，也使之面临着新的挑战。为适应这一形势，生态农业的发展还有许多问题有待解决，而其中，农业的产业化无疑是一个极为重要的方面。从另外一个方面来看，人口问题一直是我国社会发展中的主要问题之一。据估计，到 2030 年前后，我国人口将达到 16 亿。土地资源相对短缺，耕地面积还在不断减少，而人口在继续增加，农村富余劳动力的转移也已经成为困扰农村地区可持续发展的一大障碍。为了解决这一问题，也必须通过在生态农业中延长产业链、促进农业的产业化水平来实现。

7. 组织建设存在着不足　在生态农业的发展过程中，组织建设是一个重要方面。正如世界环境与发展委员会在其报告《我们共同的未来》中所指出的那样，新的挑战和问题的综合与相互依赖的特征，与当前的组织机构的特征形成了鲜明的对比，因为这些机构往往是独立而片面的，与某些狭隘决策过程密切相关。我国当前的生态农业，也同样存在这种组织建设的不足。

8. 推广力度不够　虽然生态农业有着悠久的历史，政府也较为重视，但仍然没有在全国范围得到推广，101 个国家级生态农业试点县与全国相比是一个非常小的数字。从总体而言，沉重的人口压力、对自然资源的不合理利用、生态环境整体恶化的趋势没有得到根本的改善，农业的面源污染在许多地方还十分严重，水土流失、土地退化、荒漠化、水体和大气污染、森林和草地生态功能退化等，已经成为制约农村地区可持续发展的主要障碍。从某种程度上说，目前的生态农业试点，还只不过是“星星之火”。

因此，在完全融入国际市场的今天，我国农业如何发挥自己具有数千年历史的传统农业优势，克服现代农业的弊端，建设一个具有中国特色的可持续农业，是摆在我们面前的重要问题。

（四）我国生态农业发展前景与展望

生态农业是解决我国人口、资源、环境之间矛盾的有效途径，是实现经济效益、生态效益和社会效益的统一，实现农业和农村经济可持续发展的必然选择。虽然我国发展生态农业面临许多问题，但是我们必须克服困难，坚持科学发展观，以可持续发展理念发展生态农业。未来中国生态农业的发展趋势主要表现在以下几个方面：

1. 发展多产业结合的开放性农业 现代生态农业能将自给自足的传统农业模式向工业化、集约化、多产业耦合的方向转变，以农林牧渔产品的生产加工为基础，与生产流通领域紧密联系在一起，实现农业、工业、服务业的网络化连接，促进各种资源及劳动力的有效利用，最终形成良好的生态农业框架。这一框架是开放的，以有利于与农业以外领域的交流。

2. 以发展多功能生态农业为新方向 我国的生态农业注重采取不同农业生产工艺流程间的横向耦合，达到提高产品产量的目标；同时具有较强的自然和社会经济地域性特征，从南到北形成了丰富多样、形形色色的农业区域，既表现了自然界的多样性，又为文化的多样性奠定了自然基础，使当前生态农业从以生产功能为主转向生产、生态和文化等复合功能。例如上海等大都市所建立的许多城市菜园，除部分生产性功能外，更多的则是关注生态文明、旅游观光、科学教育等方面。

3. 在生态农业的发展中注重传统与现代的融合 我国的生态农业主张对传统农业进行扬弃，在继承并革新传统农业实践经验的同时，以现代农业科学理论为基础加以整合，引入最新的实用技术进行二次革新创造，并对整个系统的各个环节进行再优化，最终实现传统农业向现代化生态农业的有效转型。

4. 重视生态农业技术的研究、应用和推广 我国生态农业已初步建立了一套技术体系，但其还很不完善，现有的体系基本上只是对以往技术的简单整合，还需要进行不断的改进和优化。关于生态农业的研究和探索将关注两个方面：①围绕可持续农业的发展，巩固生态农业的理论基础；②加强生态农业技术的应用与推广，尽快解决生态农业发展过程中所遇到的各种技术问题。目前，关于我国生态农业可持续发展的核心任务是：通过调整相关政策，积极组织实施技术创新，形成一套既适合我国国情又符合国际市场要求的生态农业核心技术体系和管理模式，并加以推广和应用。

5. 重视农业文化遗产保护与农村可持续发展 我国农业文明已有近1万年的发展历史，每个地区的农业都有其历史、文脉、地理等特殊内涵。合理利用区域特色和民族文化，将农业发展与文化遗产的继承与传播相结合，将有利于生态农业的全面发展。中国的生态农业建立在对传统农业精华的传承和提高的基础之上，推广生态农业，有利于保护各地区、各民族形式多样的农业文化遗产，并有效减缓传统文化、知识的丧失速度，在传承文化的同时也为未来农村及农业领域的经济文化开发进行资源储备，以利于农业、农村的可持续发展。在我国发展生态农业既是农业发展的一种战略决策，也是一种可持续发展模式；它既包含构建不同类型的适应当地既有条件的生态经济模式，也包括集成的生态技术和相应的管理模式。

21世纪必将是生态的世纪、生态文明的新纪元，生态农业也必将是21世纪的阳光产业。尤其在中国，生态农业被赋予新的内容：生态农业与建成小康社会的目标、实现乡村振兴战略的任务相结合等。生态农业的发展必将促进生态农业理论、制度与道路的创新，进而推进农业的可持续发展。

三、我国发展生态农业的意义

（一）生态农业与农业可持续发展的联系

1. 我国生态农业促进农业可持续发展的实现　首先，生态农业可以充分利用我国耕地少但综合农业资源丰富的特点，积极开展多种经营，有效克服单一绿色革命的弱点，依据各地区自然条件和社会经济条件的不同，因地制宜，建立能充分利用太阳能、促进物质多次循环利用和能量有效转化的各种不同类型的生态农业系统，从而获得稳定的长期的经济效益。其次，生态农业以保护和改善生态环境为基本出发点，以促进农业的良性循环为重要条件，运用现代科学技术手段进行农业生产系统生态化的调控，在为社会提供丰富农副产品的同时，产生了明显的生态效益。最后，生态农业既注重吸收传统农业精耕细作、能耗低的优点和现代石油农业生产集约化、科学化的优点，又克服了传统农业生产效率低和现代石油农业掠夺式经营增长方式的不足，有效促进了农业经济增长方式的战略转变，推动了农村社会的全面进步，具有显著的社会效益。由此可见，生态农业的生产方式符合自然界的发展规律，并能较好地协调经济建设与环境保护的矛盾，能够促进农村经济、生态、社会协调发展，保证农业持续稳定地向前发展。

2. 农业可持续发展观指导和推动我国生态农业发展　生态农业能实现生态、经济和社会三大效益的协调共进。生态农业能在我国迅速成长并深入发展，根本原因就在于有农业可持续发展的价值观和伦理观做思想保障。由于农业可持续发展观强调人与自然的和谐、协调，维护“人-自然”系统的平衡，具体运作上要求以高产、优质、高效为原则或目标，寻求农业生物与其环境的最适关系，以管理和保护自然资源为基础，并调整技术和机制改革方向，以提高农业的综合生产力、稳定性和持续性，从而确保当前人们的需要和今后世世代代的需要得到持续满足。这种科学的发展观为生态农业的发展指明了目标和方向，使生态农业的发展有了强大的思想武器做保障。在农业可持续发展观的规范和指引下，生态农业着眼于系统各组分的互相协调和系统水平的最适化，着眼于系统具有最大的稳定性和以最少的投入取得最大的经济、生态与社会效益，在吸取传统农业技术精华的同时，充分利用一切能够发展农业生产的新技术和新方法，以提高农业生态经济生产力和农业综合生产力，获得最佳的经济、生态、社会三大效益。可见，在农业可持续发展思想的指引下，生态农业实现了生态、经济和社会三大效益的协调共进，促进了我国农业的可持续发展，成为我国农业可持续发展的有效途径和成功模式，生态农业也因此在我国得到迅速发展。

综上所述，我国生态农业与有中国特色的农业可持续发展的关系是相互依存、相互促进的统一体，二者密不可分。可以说，没有生态农业，就没有我国农业的可持续发展；而没有农业可持续发展思想做保障，我国生态农业也不可能发展得如此迅速。

（二）发展生态农业对农村经济的意义

我国农村经过多年的改革开放发生了巨大变化，然而农村还存在诸多不和谐的因素，土地资源相对短缺，耕地面积在不断减少，而人口还在继续增加。到 2030 年前后，我国人口预计将达到 16 亿。农村富余劳动力的转移已成为农村可持续发展的障碍。解决好“三农”

问题是建设社会主义和谐社会的关键，建设社会主义和谐社会的重点、难点和焦点都在农村。当前，我国农业的健康发展如何体现科学发展观的要求，大力发展农村经济、发展生态农业无疑是一条很好的途径。

发展生态农业不仅有利于农民根据市场导向，优化种养结构及种养品种，提高产品质量，努力转化增值，增强市场竞争力，而且有利于增强农业抵御自然灾害和市场风险的能力，从根本上保证农业增效、农民增收。发展生态农业，可以有效提高劳动生产率、土地和资源利用率，拓宽农民增收渠道。生态农业是劳动和技术密集型综合产业，涉及种、养、加、贸、工、农多种生产经营，可为农民提供新的就业空间。

发展生态农业，目的就是要建设更高层次、优质高效、可持续发展的新型农业。当前，农业生产还存在耕作粗放、产业结构不尽合理、规模化经营难度大等问题，大力发展生态农业，可以大大提高农业生产水平和可持续发展的能力，促进农业由粗放经营向集约经营转变，由产品生产向商品生产转变，加速农业现代化进程。尽管目前我国的农业还处于生态农业的起步阶段（低层次阶段），但我们有条件、有优势发展生态农业，并通过生态农业建设推进我国农业农村经济的快速发展。

（三）发展生态农业对创建美丽乡村的意义

习近平总书记在中共十九大报告中指出“加快生态文明体制改革，建设美丽中国”。然而美丽中国的建设“难点在农村，重点在农村，亮点也在农村”。“美丽乡村”建设是社会主义新农村建设与时俱进、内涵延伸的新课题。只有把生态文明理念融入美丽乡村建设，才能取得良好的效果，而生态农业建设就是其中一项重要的内容，也是推进美丽乡村建设的切入点和关键所在。

美丽乡村不仅要外在美，更要内在美；不仅要村容整洁、乡风文明，更要生活富裕、和谐发展。发展生态农业，可以有效利用生态环境资源，促进当地经济快速发展，提高人们生活水平和环保意识，为建设美丽乡村奠定基础。建设美丽乡村是在尊重和把握大自然内在发展规律的基础上，更加注重提高农村的生态效益，走农业可持续发展道路。建设美丽乡村各项工作的有效进行，不仅可以逐步优化乡村环境，还可以加快农业发展方式的转变，为发展生态农业提供环境保障。由此可见，发展生态农业与建设美丽乡村协调一致，二者互促发展。诸多历史实践表明，生态农业可以为美丽乡村提供农业产业转型，是建设“青山绿水”的基础保障和有效途径，是优美乡村建设中不可替代的内容。

（四）发展生态农业对环境保护与建设的意义

农业本身是与自然紧密相连的一种生态产业。农业发展经历了原始农业、传统农业和现代化农业的发展阶段，在其漫长的发展过程中，为人类文明提供了有力的支持。但由于认识的局限、人口增长的压力，农业也做了很多违背自然生态规律的事，受到了自然界的报复。特别是进入现代化农业即“石油农业”之后，农业生产活动所带来的负效应，已构成了全球性的生态危机，使农业的发展陷入了新的困境。目前，我国农业环境污染的问题依然很严重，比如农药化肥的过量使用带来的农业面源污染、大量农用薄膜使用带来的残膜污染、秸秆焚烧带来的大气污染和土壤结构的破坏、耕地土壤重金属污染等。农业环境污染导致土壤生产能力和农产品质量下降，并导致许多地区的农田生态平衡失调。

农业生态建设与环境保护是农业可持续发展的重要保障，也是建设现代农业和生态文明、促进农业可持续发展的必然要求。随着工业化和城镇化快速推进，我国农业发展正面临着资源紧缺与消耗加大的双重挑战，对农业生态环境建设提出了迫切需求。生态农业的发展方式符合自然界的发展规律，能较好地协调经济建设与环境保护的矛盾，是发展经济的同时保护环境的重要途径。发展生态农业，推广生态农业技术，可最大限度地减少“废物”的排放，实现“废物”“减量化”；可最大限度地对“废物”进行再次利用、多次利用和循环利用，做到“废物不废、资源再生”，真正实现“废物”“资源化”和“无害化”；进而实现对农业的可再生资源增殖，对不可再生资源进行保护和利用，避免对自然资源掠夺式经营和滥用，最终使自然资源得到持续的利用，为农业经济发展创造良好的生态环境，使我们的农业在发展上更加绿色、更加生态。

（五）发展生态农业对保障食品安全的意义

随着现代生活品质的提高，人们对食品质量及安全的重视程度越来越高，农产品质量问题越来越受到社会的高度关注。在国际农产品市场上，围绕农产品质量的话题不断增多。在网络信息发达的大背景下，国内外农产品消费市场中越来越多的农产品质量问题不断被暴露出来，使得人们对生态农产品的需求越来越旺盛。

我国农产品在国际市场中的竞争力比较弱，其原因有：①我国缺乏与国际市场接轨的农业操作规范认证，我国的农产品想要进入欧洲等发达国家和地区的市场必须得到这种市场的准入认证以得到国际社会的认可；②我国大部分地区农产品的生产中大量使用农药、化肥和植物激素等，虽然在农产品的数量和外观品质上有了很大的提升，但是却给食品安全和食品品质带来隐患，再加上我国工业化阶段较为严重的环境污染因素，我国的农产品质量需要提升的空间仍然很大。目前，国际农产品市场中西方发达国家占据了主动，它们对外设置以生态环境安全和生态食品安全为主导的绿色壁垒，利用提高农产品安全标准和进口国环境标准等技术和制度要求来对本国的农产品进行贸易保护，以阻止中国农产品的进入。因此，长期以来，我国农产品一直处于国际农产品市场产业链的末端。我们亟须发展生态农业、生产生态农产品来提升我国参与国际市场竞争的能力。

生态农产品具有绿色、有机、无公害的特点而被国际、国内农产品市场所认可，在农产品消费者对农产品质量要求不断提高的状况下，生态农业体现的是农产品的品质保障和健康安全宣言。在解决当前及今后我国面临的食品安全问题中，生态农业将发挥重要的和不可替代的作用。我国只有加快发展生态农业，生产绿色食品，才能尽快消除农产品中有毒有害物质残留，从而保证我国食品安全，并从根本上解决我国食物中毒和其他食源性疾病问题。我们只有大力发展生态农业，生产高质量的生态农产品才能顺应国际市场中农产品激烈竞争的客观要求。

发展生态农业，就是要在生产实践中推广应用生态种植技术、生态养殖技术、生态加工技术、生态减灾技术、生态恢复技术等一整套“清洁生产技术”，其最终成果是生产出无公害食品、绿色食品和有机食品，这正是保障食品“质量安全”之要求。因此，只有构筑良性循环的生态农业产业链，顺应农业向企业化、集约化、规模化、商品化方向发展的潮流，兼顾农业的经济效益、社会效益和生态效益，才能有效规避绿色壁垒，并促使生态农业不断焕发勃勃生机。

通过上述分析，我们认为：生态农业坚持以科学发展观为指导，以人为本，因地制宜，合理规划，稳步实施，有利于高效利用资源、减少废弃物排放，有利于改善生态环境，实现农产品的清洁生产和无害化，保障人们的身体健康。建设生态农业对于协调经济发展和资源利用、加强环境保护、统筹人与自然和谐发展、保障食品安全、促进社会全面进步等有着非常重要的现实意义。

第三节　生态农业的原理

一、整体效应原理

自然生态系统中，经过长期的相互作用，在生物与生物、生物与环境之间，形成了相对稳定的结构，具有相应的功能。一个稳定高效的系统必然是一个和谐的整体，各组分之间应当有适当的比例关系和明显的功能分工与协调，只有这样才能使系统顺利完成物质、能量、价值、信息的转换和流通，而且，这样的和谐整体功能大于个体功能之和，这就是整体效应原理。

生态农业建设的一个重要任务就是通过整体结构实现系统的高效功能。根据系统论整体功能大于个体功能之和的原理，生态农业建设要对整个农业生态系统的结构进行优化设计，利用系统各组分之间的相互作用及反馈机制进行调控，从而提高整个农业生态系统的生产力及稳定性。

农业生态系统是自然-经济-社会的复合生态系统，兼有自然和社会两方面的复杂属性，由许许多多不同层次的子系统构成，子系统之间及各层次之间存在密切的联系。这种联系是通过物质循环、能量转换、价值转移和信息传递来实现的，合理的结构能提高系统整体功能和效率。农业生态系统包括农、林、牧、渔等若干亚系统，各亚系统还可进一步细分。因地制宜运用科学优化技术，合理安排结构，增加系统的抗逆性和稳定性，使总体功能得到最大限度发挥，系统生产力最大，是生态农业整体效应原理的具体表现。

二、生态位原理

生态位是生物物种在完成其正常生活周期所表现出的对环境综合适应的特征，即一个物种在生物群落和生态系统中的功能和地位。各物种种群在生态系统中都有理想的生态位。在自然生态系统中，随着生态演替的进行，生物种群数目增多，生态位变得丰富并逐渐达到饱和，这有利于系统的稳定。而在农业生态系统中，由于人为的控制，生物种群单一，存在许多空白生态位，容易被杂草、病虫及其他有害生物侵入占据，因此需要人为填补和调整生态位。

利用生态位原理，把适宜的、价值较高的物种引入农业生态系统，以填补空白生态位。如稻田养鱼：水稻植株密集，对水面起到遮蔽阳光的作用，使稻田水温稳定，为鱼提供了适宜的生态位；而把鱼引进稻田，鱼占据空白生态位，也给水稻生长创造了良好的生态环境，因为鱼游动觅食可起到一定的增氧作用，同时鱼能取食稻脚老叶和落到水中的害虫，大大减少病虫害的发生，此外，鱼排出的粪便是水稻生长的优质有机肥，促进水稻生长。鱼稻共生，使农药、化肥用量减少，生长（产）成本降低，提高了经济效益，改善了稻谷质量和环境质量。

生态位原理应用的另一方面是尽量在农业生态系统中使用不同物种占据不同的生态位，防止生态位重叠造成竞争互克，使各种生物相安而居，各占自己特有的生态位。在特定的农业生态系统中，光、热、气、水、肥等自然资源是相对恒定的，根据不同农业生物形态、生态习性、生理特征、生长周期的差异性，进行合理的物种搭配，可以使有限资源合理利用，增加转化效率。如水产立体养殖、多层次立体种植、种养结合，以及“乔、灌、草结合”都可以提高生态位的利用率，从而使生态农业系统获得较高的生产力。

三、物质循环再生原理

地球能以有限的空间和资源持续长久地维持众多生命的生存、繁衍、发展，其机制就是生态系统中物质循环再生和能量流动转化。自然生态系统具有自身适应能力与组织能力，可以自我维持和自我调节，通过生物固氮而产生氮素平衡机制，从土壤中吸收一定的养分维持生命，然后又通过根、茎、落叶等残体腐解归还土壤。在这样的物质转移流动过程中，被丢弃的部分可以重新返回环境，被生物再吸收利用，因此物质能够在生态系统中被反复利用而进行循环。

农业生态系统与自然生态系统有明显的区别，开放度更大，生物组分多数具有被人类驯化成高产、优质的特点，现代农业生态系统中优势种的可食部分或可用部分产量进一步提高。现代农业中大量农、林、牧、渔产品作为商品输出，导致很多养分物质脱离系统，要通过大量的系统外部投入，如化肥、农药、电力、机械等物质、能量维持生产。而生态农业体系强调适量或较少的外部投入，通过立体种植及选择归还率较高的作物，以及合理轮作、增施有机肥等建立良性物质循环体系，尤其注意物质再生利用，使养分尽可能在系统中反复循环利用，实现无废弃物生产，提高营养物质的转化利用效率。

物质循环再生原理用于生态农业，从经济角度看，节约了原料、时间、空间；从环保观点看，减少了污染物。例如大豆、油菜籽、芝麻就地榨油后，将油饼还田，降低了运输成本，减少了化肥使用量。再如将秸秆、人畜粪便经生物发酵生成沼气，作为生活燃料，促进秸秆还田，参与生态农业的物质循环再生。

四、食物链原理

生态系统中的众多生物通过食物营养关系相互依存、相互制约，例如从绿色植物到食草动物再到食肉动物，通过捕食与被捕食的关系构成食物链，多条食物链相互交错、连接构成了复杂的食物网。由于食物链相互连接，其中一个环节的变化就可能影响其他的环节，甚至影响整个食物网。

自然生态系统中一般食物链层次多而长，并组成复杂的食物网。而农业生态系统中的生物很多是人工选择的结果，种类、层次都较少，食物链结构较短，这不利于能量转化和物质的有效利用，而且使生态系统的自我稳定性下降。因此，根据农业生态系统中能量流动与转化的食物链原理，调整农业生产体系中的营养关系及转化途径来延长食物链，将各营养级上因食物选择所废弃的物质作为营养源，通过混合食物链中的相应生物进一步转化利用，使系统内形成一种稳定的物质良性循环机制，从而充分利用自然资源提高系统的稳定性和经济效益。生态农业常以农牧结合为核心，并通过食性选择使食物链延长，使生物能多层次利用，经济效益提高。如“谷物喂鸡、鸡粪还田”“蚯蚓喂鸡、鸡粪喂猪”等形式都是食物链原理的应用。

五、生物种群相生相克原理

自然界没有任何一种生物能离开其他生物而单独生存和繁衍。自然生态系统中的多种生物种群在其长期进化过程中，形成对自然环境条件特有的适应性，并形成相互依存、相互制约的稳定平衡。例如：蜜蜂利用果树的花粉养育自己，果树由于蜜蜂的授粉而增加结实率，这就属于互利共生关系。而偏利共生关系即仅对物种一方有利，对另一方无害也无利，如苔藓附生在树皮上。但在农业生态系统中，物种单一，专业化生产程度高，不利于对资源充分利用及维持系统的稳定性。生态农业建设的一个关键是匹配好合理的种群结构，发挥生物群落互利共生或偏利共生的机制，使生物复合群体“共存共荣”。因此，在生态农业建设中，通过组建合理高效的复合系统（如立体种植、混合养殖等），在有限的空间、时间内容纳更多的生物种，生产更多的产品。我国普遍运用的多熟制种植（间作、套种、混种、复种）及立体种养等都是利用各物种间的互补关系建立合理的群体结构，实现高效生产的目的。

物种由于竞争、捕食、寄生等特性，使受其影响的种群增长率降低，这种现象被称为物种互克。利用生物互克原理，可有效控制病、虫、草害。放养寄生蜂治虫、以菌治虫、以脊椎动物治虫等生态技术日益受到重视。

六、生物与环境协同进化原理

生物和环境是生态系统中不可分割的统一体，也是农业生产的基本要素，它们之间有着密切的相互联系和复杂的物质、能量交换关系。环境为生物的存在提供了必要的物质条件，生物为了生存和繁殖必须从环境中摄取物质与能量，如空气、阳光、水分、热量和营养物质等，与此同时，在生物生存、繁殖和活动过程中，也不断地通过释放、排泄及其他形式把物质归还给环境。只有在适宜的生态环境中生存，生物才可能最大限度地利用资源，获得最佳生产力及效益。生物与环境的协同进化，是指生物在适应环境的同时，也作用于环境，对生态环境有一定的改造能力，从而使得环境与生物平衡发展。

生态农业中运用生物与环境的协同进化原理，要根据地域生态环境条件，安排适当的生物种群，在获得较高生产力水平的同时，要特别注重保护生态环境。否则，环境破坏会导致生物与环境的失衡，如水土流失、土壤沙化退化以及化肥、农药的不合理施用导致生物种群减少或消失，使农业生产力降低甚至衰退。以破坏生态平衡、恶化生态环境为代价换来暂时的高产量，是得不偿失的。

【思考题】

1. 简述生态农业的内涵和特点。
2. 简述生态农业的作用。
3. 谈谈国外生态农业发展值得我国借鉴的经验。
4. 谈谈我国发展生态农业的意义。
5. 简述我国生态农业发展存在的问题及发展趋势。
6. 农业生态系统与自然生态系统的主要区别是什么？
7. 理解食物链和食物网的概念。
8. 生物种间相互作用的类型有哪些？在农业上如何应用？

CHAPTER 2 第二章

生态农业的技术类型与模式

【教学目标】

1. 了解生态农业的技术类型；

2. 掌握立体种植的概念和特点；

3. 掌握生态养殖模式的概念和特点；

4. 了解常见的生态养殖模式；

5. 掌握生态旅游农业模式的概念和特点；

6. 理解生态旅游农业模式的三种类型；

7. 了解常见的复合型生态农业模式；

8. 能够结合某地（农场、茶园、果园、庭院等）的种养特点，设计出合适的生态农业模式；

9. 能够根据家乡的资源特点，设计出适合当地的生态旅游农业模式。

第一节　生态农业的技术类型

一、充分利用土地资源的农林立体结构类型

农业生产中单一种群的物种多样性低，资源利用率低，抗逆能力弱，其稳产高产的维持依赖于外部人工能量的持续输入，由此导致生产成本高，产品竞争力弱。立体种植则是利用自然生态系统中各生物种的特点，通过合理组合、建立各种形式的立体结构，以达到充分利用空间，提高生态系统光能利用率和土地生产力，促进物质生产的目的。农业中的立体结构是空间上多层次和时间上多顺序的产业结构，其目标是实现资源的充分、有效利用。

植物立体结构的设计要充分考虑物种本身的生物学特性，在组建植物群体的垂直结构时，需充分考虑地上结构（茎、枝、叶的分布）与地下结构（根的分布）情况，合理搭配作物种类，使群体能最大限度地、均衡地利用不同层次的土壤水分和养分，同时达到种间互利、用养结合的效果。例如，高秆与矮秆作物的间作套种模式、果园间作花生或蔬菜等。

林业生产的农林立体模式主要是根据林木的立地条件，通过乔、灌、草三层（上、中、

下）对林中时空资源进行充分合理的开发利用，并根据生物共生、互生原理，选择和确定主要种群与次要种群，建造共存共荣的复合群落。农林系统是指在同一地块上，将农作物生产与林业、畜牧业生产同时或交替地结合起来，使得土地总生产力得以提高的持续性土地经营系统。例如“林果粮经”立体生态模式、枣-粮间作和桐-棉间作模式。

按照生态经济学原理使林木、农作物（粮、棉、油）、绿肥、鱼、药材、食用菌等处于不同的生态位，各得其所，相得益彰，既充分利用太阳辐射能和土地资源，又为农作物形成一个良好的生态环境。这种生态农业类型在我国普遍存在，数量较多。大致有以下几种形式：

（1）各种农作物的轮作、间作与套种。主要类型有：水稻-油菜轮作，棉-麦-绿肥间套作，棉花-油菜间作，甜叶菊-麦-绿肥间套作。

（2）农-林间作。农-林间作是充分利用光、热资源的有效措施，我国采用较多的是桐-粮间作和枣-粮间作，还有少量的杉-粮间作。

（3）林-药间作。此种间作主要有吉林省的林-参间作，江苏省的林下栽种黄连、白术、绞股蓝、芍药等的林-药间作。林-药间作不仅大大提高了经济效益，而且塑造了一个山青林茂、整体功能较高的人工林系统，大大改善了生态环境，有力地促进了经济、社会和生态环境向良性循环发展。

除了以上的各种间作以外，还有海南省的胶-茶间作，种植业与食用菌栽培相结合的各种间作如农田种菇、蔗田种菇、果园种菇等。

二、物质能量的多级循环利用类型

农业生态系统的物质循环和能量转化，是通过农业生物之间以及它们与环境之间的各种途径进行的，系统各营养级中的生物组成即食物链构成是人类按生产目的而精心安排的。另外，农业生态系统各营养级的生物种群，都是在人类的干预下执行各种功能，输出各种人类需要的产品。如果人们遵循生物的客观规律，按自然规律来配置生物种群，通过合理的食物链延长，为疏通物质流、能量流渠道创造条件，那么生态系统的营养结构就更科学合理。

农业生态系统与其他陆地生态系统一样，其营养结构包括地上部分营养结构和地下部分营养结构。地上部分营养结构通过农田作物和禽、畜、鱼等生物，把无机环境中的二氧化碳、水、氮、磷、钾等无机营养物质转化成为植物和动物等有机体；地下部分营养结构是通过土壤微生物，把动物、植物等有机体及其排泄物分解成无机物。因此，地上生物之间、地下生物之间以及地下与地上生物之间，物质及能量可以相互利用，从而达到共生和增产的目的。

农业生产上可模拟不同种类生物群落的共生功能，包含分级利用和各取所需的生物结构，在短期内取得显著的经济效益。例如，利用秸秆生产食用菌和蚯蚓等的生产设计。秸秆还田是保持土壤有机质的有效措施，但秸秆若不经过处理直接还田，则需要很长时间的发酵分解，才能发挥肥效。在一定的条件下，利用糖（氨）化过程先把秸秆变成饲料，然后利用家畜的排泄物及秸秆残渣培养食用菌，生产食用菌的残余料再用于繁殖蚯蚓，最后才把剩下的残物返回农田，收效就会好很多，且增加了沼气生产、食用菌栽培、蚯蚓养殖等产生的直接经济效益。

三、相互促进的物种共生类型

该模式是按生态经济学原理把两种或三种相互促进的物种组合在一个系统内，达到共同增产、改善生态环境、实现良性循环的目的。这种生物物种共生模式在我国主要有稻田养鱼、稻田养蟹、鱼蚌共生、禽鱼蚌共生、稻鱼萍共生、苇鱼禽共生、稻鸭共生等多种类型。

例如，高效稻鱼共生系统（田面种稻，水体养鱼，鱼粪肥田），就是把种植业和水产养殖业有机结合起来的立体生态农业生产方式，它符合资源节约、环境友好、循环高效的农业经济发展要求。稻田养鱼在遵义市被誉为“四小工程”即小粮仓，稻田养鱼稳定了粮食生产；小银行，实施稻田养鱼后 1 hm^2 稻田可增加 7 500～15 000 元的收入；小化肥厂，实施稻田养鱼后土壤氮、磷、钾的含量增加了 70%左右；小水窖，实施稻田养鱼后每公顷稻田增加蓄水 1 200～1 500 m^3，连片实施 667 hm^2，相当于建一座小二型水库，可以抵御 15～20 d 的干旱。同时又达到了“四增”“四节”的效果。“四增”即增粮、增鱼、增肥、增收。“四节”即节地、节肥、节工、节支。稻鱼共生互利，相互促进，形成良好的共生生态系统。

四、农-渔-禽水生类型

该生态系统是充分利用水资源优势，根据鱼类等各种水生生物的生活规律和食性以及在水体中所处的生态位，按照生态学的食物链原理进行组合，以水体立体养殖为主体结构，以充分利用农业废弃物和加工副产品为目的，实现农-渔-禽综合经营的农业生态类型（图 2－1）。这种系统有利于充分利用水资源优势，把农业的废弃物和农副产品加工的废弃物转变成鱼产品，变废为宝，减少了环境污染，净化了水体。特别是该系统再与沼气相结合，用沼渣和沼液作为鱼的饵料，使系统的产值大大提高，成本更加降低。这种生态系统在江苏省太湖流域和里下河水网地区较多。例如，江苏省盐城市董村，过去仅单一生产粮食，近年来该村通过在种植业中实行用养结合，以有机肥为主，培养提高地力，粮食、棉花、油菜大幅度增产。利用食物链发展养殖业，将 150 t 饲料粮和稻草、骨粉等原料加工成 300 t 配合饲料，饲养 1 500 只蛋鸡，用鸡粪加配合饲料喂养 900 多头肥猪，猪粪投入沼气池和用来养鱼，使原来

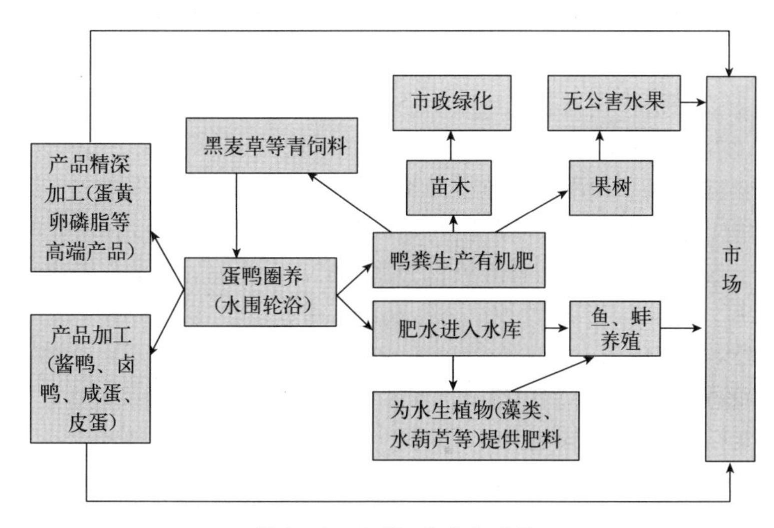

图 2－1　农-渔-禽水生系统

价值仅有 4 万元的粮食和饲草等材料，通过多层次利用，产值达到了 23 万元，经济效益增加了 4.75 倍，并为市场提供了蛋、鸡、猪、鱼等食品。通过加工链多层次利用农副产品，主要是加工配合饲料。发展沼气，提高生物能利用率。用沼渣种蘑菇或养蚯蚓，采收蘑菇后的菌渣和蚯蚓粪施用于农田，为粮、棉、菜等农作物提供肥料。

五、山区综合开发的复合生态类型

这是一种以开发低山丘陵地区资源，充分利用山地资源的复合生态农业类型，通常的结构模式为林-果-茶-草-牧-渔-沼气，以畜牧业为主体结构。一般先从植树造林、绿化荒山、保持水土、涵养水源等入手，着力改变山区生态资源，然后发展畜牧业。根据山区自然条件、自然资源和物种生长特性，在高坡处栽种果树、茶树；在缓平岗坡地引种优良牧草，大力发展畜牧业，饲养奶牛、山羊、兔、禽等草食性畜禽，其粪便养鱼；在山谷低洼处开挖精养鱼塘，实行立体养殖，塘泥做农作物和牧草的肥料。这种以畜牧业为主的生态良性循环模式无“三废”排放，既充分利用了山地自然资源优势，获得较好的经济效益，又保护了自然生态环境，达到经济、生态和社会效益的同步发展。例如，江西省泰和县千烟洲是一个典型的红壤丘陵地区，中国科学院南方山区考察队和当地科技部门合作，通过发展立体农业，成功地闯出了一条经济有效的农业开发利用的路子。千烟洲开发治理的成功经验，就是因地制宜，挖掘自然资源潜力，通过改变土地利用结构，调整农业生产结构，从过去的以粮食为主转变为现在的以林业为主，建立立体的农业生产体系，从而充分发挥地区农业资源的优势。这种“用材林-经济林或毛竹-果园或人工草地-农田-鱼塘”的农业布局形式，被人们形象地称为“丘上林草丘间塘，缓坡沟谷果鱼粮”。千烟洲充分利用山地资源的复合生态农业类型，为丘陵山区综合开发探索出一条新路。

六、以庭院经济为主的院落生态类型

这是在我国最近几年迅速发展起来的一种农业生态工程技术类型，这种模式的特点是以庭院经济为主，把居住环境和生产环境有机地结合起来，以达到充分利用每一寸土地资源和太阳辐射能，并用现代化的技术手段经营管理生产，以获得经济效益、生态环境效益和社会效益协调统一。这对充分利用每一寸土地资源和农村闲散劳动力，保护农村生态环境具有十分重要的意义。庭院经济模式具有灵活性、经济性、高效性、系统性的优点。

（一）庭院立体种植模式

庭院立体种植模式是利用不同的植物种类和品种，依据庭院不同的生态条件，多方位、多层次充分利用光、热、水、气及庭院空间，取得较高生产效益的一种农业模式。该模式把各种林木、花卉、果树、蔬菜、药材等植物相互搭配，在庭院的空地、墙边种植葡萄，葡萄架下建苗床种蘑菇（木耳），四周可种植一些观赏花卉等。

（二）庭院立体养殖模式

在庭院的地面或水面上分层利用空间，养殖各种农业动物或鱼类。在南方的庭院池塘中养鱼，池塘上层搭架养鸭，鸭粪进入池塘做鱼饲料。系列化的养殖，如肉鸡系列化养殖，从引进父母代开始，在孵化、育雏、产蛋、营销过程中，将鸡粪配合饲料喂猪，猪粪养蚯蚓，蚯蚓喂鸡。

（三）庭院立体种养模式

这是一种在庭院内合理布局农业生物（动物、植物、微生物），使它们分层利用空间的种养结合方式。庭院内种植葡萄，葡萄架下饲养兔（鸡、猪）等。

（四）庭院种养加立体开发模式

在庭院内将种植、养殖、加工、沼气合理搭配成“四位一体”模式。庭院内安装饲料加工设备，地下建沼气池，在大棚中种植蔬菜（花卉）、养猪（鸡），饲料养猪，猪粪进沼气池，沼液、沼渣作为种植业的肥料，形成“种-养-加-沼”良性循环的生产模式。

七、多功能的农工联合生态类型

生态系统通过完整的代谢过程——同化和异化，使物质在系统中循环不息，这不仅保持了生物的再生，并通过一定的生物群落与无机环境的结构调节，使得各种成分相互协调，达到良性循环的稳定状态。这种结构与功能统一的原理，用于农村工农业生产布局，即形成了多功能的农工联合生态系统，亦称城乡复合生态系统。这样的系统往往由4个子系统组成，即农业生产子系统、加工工业子系统、居民生活区子系统和植物群落调节子系统。它的最大特点是将种植业、养殖业和加工业有机地结合起来，组成一个多功能的整体。

多功能农工联合生态系统是当前我国农业生态工程建设中最重要也是应用最多的一种技术类型，并已涌现出很多成功典型，如北京市大兴区留民营村、江苏省吴江县桃源乡等。

八、水陆交换的物质循环生态系统类型

食物链是生态系统的基本结构，通过初级生产、次级生产、加工、分解等代谢过程，完成物质在生态系统中的循环。

桑基鱼塘是比较典型的水陆交换生产系统，是我国广东省、江苏省农业中多年行之有效的多目标生产体系，目前已成为推广较为普遍的生态农业类型。该系统由2～3个子系统组成，即基面子系统和鱼塘子系统。前者为陆地系统，后者为水生生态系统，2个子系统中均有生产者和消费者。第三个子系统为联系系统，起着联系基面子系统和鱼塘子系统的作用。桑基鱼塘是由基面种桑、桑叶喂蚕、蚕沙养鱼、鱼粪肥塘、塘泥为桑施肥等环节构成的完整的水陆相互作用的人工生态系统。在这个系统中通过水陆物质交换，使桑、蚕、鱼、菜等各业得到协调发展。桑基鱼塘使资源得到充分利用和保护，整个系统没有废弃物，处于一个良性循环之中。

第二节　立体种植模式

一、立体种植的概念和特点

（一）立体种植的概念

立体种植是指在一定土地面积内，根据不同作物对环境的不同要求，为实现较好地利用光、热和时空等条件，建立的多层次配置、多种生物共处的一种农业生产形式。根据生态系统中栽培的作物种类和空间组合，立体种植可分为农作物的间作、套作和轮作，林产作物的立体种植，林粮间作立体种植等若干模式。

立体种植通过充分利用光照、空间和时间等条件，显著提高单位土地面积的产量，具有较高的经济效益，是实现增产增收的有效途径。立体种植还有利于改变田间小气候，对环境

温度与湿度起到调节作用，缓解气候极端变化对农业产生的影响，降低生产风险和自然灾害程度。另外，立体种植为多种动植物提供了生活场所，生物种类有所增加，生物多样性得到提高。立体种植还可以显著提高农民收入，促进城乡协调、社会和谐发展，社会效益显著。

（二）立体种植的特点

1. 充分利用光热资源 适宜的热量条件能提高光合速度，增加光合产物，提高作物产量。各种农作物所提供的干物质，有90%～95%是植物利用太阳能通过光合作用，将所吸收的二氧化碳和水合成的有机物。因此，发展立体种植的各类形式，可以最大限度地利用太阳能。

2. 改善通风条件，发挥边行优势 所谓边行优势（又称边行效应），是指作物的边行一般比里行长得好，产量也高，主要原因是边行的通风透光条件好。立体种植比平面单作增加许多种植带和中上部空间，不仅增加了边行数，还大大改善了通风透光条件。例如，小麦套种西瓜，虽然小麦的实际种植面积减少约1/3，但由于小麦的边行数增加几倍，边行的产量比里行可提高30%～40%，因而小麦每平方米产量基本上可做到不减或少减。这是立体种植增产的主要原因之一。

3. 充分利用时间和空间，发挥各方面的互利作用 不同作物之间，既相互制约，又相互促进，合理的立体种植方式，可以取长补短，共生共补。例如，麦田套种玉米，可以充分利用时间差和空间差，使玉米提前播种，延长生长期，还可以提早成熟，增加产量。春玉米与秋黄瓜或马铃薯间作，玉米给秋黄瓜和马铃薯遮阴，可使夏末的地温下降4～6℃，从而创造较为阴凉的生态环境，减轻高温的危害。这样，既可提前播种黄瓜或马铃薯，延长生育期和提高产量，又可减轻黄瓜苗期病害的发生传播，促进马铃薯提前发芽出土。

4. 充分利用水、肥和地力 立体种植可根据作物的需肥特点和根系分布层次合理搭配，做到深根作物与浅根作物相结合，粮棉作物与瓜菜作物相结合。在间作和套种两种以上作物的条件下，还可以做到一水两用、一肥两用，节水节肥。在一年五作的情况下，如采用“小麦、菠菜、春马铃薯、春玉米、芹菜”的形式，土地利用率可提高1倍左右；在一年三作的情况下，土地利用率可提高20%以上。

5. 解决用地与养地的矛盾 采取粮-草间作，农牧结合的措施。如“两粮、两草、一菜”即小麦、苕子（或豌豆）、玉米、夏牧草（或绿豆）、芫荽一年五作的立体种植形式，可以充分体现用地与养地相结合的特点，这种立体种植形式不仅可保证小麦和玉米两茬作物不减产，还可收2 000 kg优质牧草，牧草用来饲养牛、羊、兔等家畜，又可得到充足的优质粪肥用于养地，也可增加畜牧产品的收入。

6. 提高经济效益、生态效益和社会效益 发展立体种植业，可以打破单一种植粮、棉、油的经营方式，有效地提高单位面积的产量和产值，不仅可以显著增加农民的经济收入，还可给市场提供丰富的农产品，产生较好的社会效益。大量的产出，增加了大量的投入，还可相对节约成本、节约能源，构成良好的循环体系。通过多种作物的搭配种植，还可以改善生态环境，产生较好的生态效益。

二、立体种植的模式

（一）农作物的间作、套作和轮作模式

1. 概述

（1）间作。一茬有两种或两种以上生育季节相近的作物，在同一块田地上成行或成带

（多行）间隔种植的方式称为间作。如棉花-油菜间作、玉米-豆类（薯类、花生）间作等。农作物间作是我国各地作物生产中普遍采用的一种方式。通过高秆与矮秆、喜光与喜阴等具备营养异质互补特性的作物合理组配，达到对光、温、水、土等资源的集约高效利用。

间作可显著提高土地利用率，由间作形成的作物复合群体可增加对阳光的截取与吸收，减少光能的浪费；同时，两种作物间作还可产生互补作用，如宽窄行间作或带状间作中的高秆作物有一定的边行优势，豆科与禾本科间作有利于补充土壤氮元素的消耗等。但间作时不同作物之间也常存在着对阳光、水分和养分等的激烈竞争，因此对株型高矮不一、生育期长短稍有参差的作物进行合理搭配和在田间配置宽窄不等的种植行距，有助于提高间作效果。当前的趋势是在旱地、低产地和用人畜力耕作的田地进行豆科、禾本科作物的间作较多。

（2）套作。在前季作物生长后期的株、行或畦间播种或栽植后季作物的种植方式称为套作，也称为套种、串种。如在小麦生长后期每隔3～4行播种1行玉米或棉花。套作作物的共生期只占生育期的一小部分时间，是一种解决前后季作物间季节矛盾的复种方式。我国农作物生产中的主要套作类型有小麦-玉米（棉花、花生）套作、小麦-甜菜套作和棉花-瓜菜套作等。

套作的主要作用是：争取时间以提高光能和土地的利用率；提高单位面积产量；有利于后季作物适时播种；缓和用工矛盾和避免旱涝或低温灾害。套作应选配适当的作物组合，调节好作物田间配置，掌握好套种时间，解决不同作物在套作共生期间互相争夺阳光、水分和养分等矛盾，促使后季作物幼苗生长良好。

（3）轮作。在同一块田地上有顺序地在季节间和年度间轮换种植不同作物或进行复种组合的种植方式称为轮作。如在一年一熟条件下的大豆→小麦→玉米3年轮作，是年间的作物轮作。在一年多熟情况下，则既有年间轮作又有年内轮作，如应用于南方的绿肥-水稻-水稻→油菜-水稻-水稻→小麦-水稻-水稻轮作，这种轮作由不同的复种方式组成，又称为复种轮作。我国其他的轮作方式还有春小麦→亚麻→豆类、小麦-玉米→棉花、早稻-晚稻→棉花、早稻-晚稻→绿肥-花生-甘薯等。我国农业生产中的主要轮作类型见表2-1。

表2-1　我国农业生产中的主要轮作类型

轮作方式	分布地区	轮作方式	分布地区
玉米→大豆	北方一熟地区	小麦-玉米→小麦-豆类	黄淮海地区
玉米→草木樨	北方一熟地区	小麦-玉米→小麦-夏谷	黄淮海地区
春小麦（或莜麦）→豆类	北方一熟地区	小麦-中稻	南方地区
春小麦→亚麻→豆类	北方一熟地区	早稻-晚稻→棉花	南方地区
苜蓿→小麦→玉米	北方一熟地区	早稻-晚甘薯	南方地区
马铃薯→莜麦→豆类→春小麦	北方一熟地区	早稻-晚稻→绿肥-花生-甘薯	南方地区
水稻→蔬菜→水稻	东北沿海地区	小麦-玉米-晚稻	南方地区
小麦-玉米→甘薯	黄淮海地区	甘薯-早稻	南方地区
小麦-玉米	黄淮海地区	早稻-豆类	南方地区
小麦-玉米→棉花	黄淮海地区		

轮作的作用很多，归结起来主要有两个方面：一是将用地和养地相结合；二是消除病虫草害。

植物群落中的相互制约作用，普遍表现为竞争。单一群体只存在种内竞争，复合群体则存在种间竞争。在自然状态下，竞争双方都力求发展自身，抑制对方，这会影响个体的增长或存活。而间、套作所组成的作物群落是在人为控制下形成的人工复合群体，人们可以通过选择作物种类，运用合理的田间管理技术等手段，能动地发挥作物间的互补作用，削弱或抑制种间和种内的竞争。间、套作效益主要表现在对光能的充分利用方面，而在轮作生产中，前作通过影响土壤的水分和养分供给、环境状况来对后作产生效应。

2. 实例研究及经验总结

（1）玉米与豆类间作。玉米与豆类间作历史悠久，其应用也最为广泛。豆类主要是大豆，其次是花生，也有少量绿豆、赤豆、黑豆、菜豆和蚕豆等。这种类型不仅具有一定的增产效果，而且可以充分发挥豆科植物培肥地力的作用。把小面积的豆科作物分散到各种禾谷类作物中去，既不会太大地影响粮食产量，又能充分发挥豆科作物的生物固氮的作用，特别是在低水肥条件下玉米与豆类间作的增产和养地效果更为明显。以玉米间作大豆为例，玉米属禾本科，须根系，株高，叶窄长，为需氮肥多的 C_4 植物；而大豆属豆科，直根系，株矮，叶小而平展，为需磷钾多的 C_3 植物，较耐阴。两种作物共处，除密植效应外，兼有营养异质效应、边行优势、补偿效应、正对等效应，能全面体现间作复合群体的各种互补关系。

（2）麦-棉套作。我国主产棉区同时也是粮食主产区，粮棉生产矛盾突出。实行粮-棉套作两熟制度，可以有效缓解粮棉争地的矛盾，提高土地利用率。麦-棉套作首先兴起于长江流域棉区，后发展至北方棉区。麦-棉套作的特点是能从时间和空间两方面充分利用全年生长季节。小麦利用了冬季和早春棉花所不能利用的时间、空间和光热水肥条件，并且在带状播种的情况下，根系吸收营养的范围大，田间通风透光较好，有利于发挥边行优势和减轻病害。麦、棉共生期间，二者虽然存在着水、热、肥的竞争，易导致棉苗生长弱、发育迟等问题，但小麦对棉苗也有防风保温作用，有利于减轻大风、寒流等对棉苗的影响。此外，小麦的屏障作用可以减少棉蚜侵入，而且小麦田积集的瓢虫等天敌也可以控制棉蚜危害。

（3）轮作防止连作障碍。连作障碍是指因连续种植某种（乃至同一科）作物而出现的作物生长发育不良、品质产量下降等现象，俗称“重茬病”。每种作物都有一些危害其的病虫杂草，连作使这些病虫草周而复始地恶性循环式地感染危害，如黄瓜的霜霉病、根腐病、跗线螨，番茄的病毒病、晚疫病，辣椒的青枯病、立枯病等。轮作是防止连作障碍的最佳方法，是用地养地相结合的一种生物学措施。利用前茬作物根系分泌的灭菌素，可以抑制后茬作物病害的发生，如甜菜、胡萝卜、洋葱和大蒜等的根系分泌物可抑制马铃薯晚疫病发生，小麦根系的分泌物可以抑制茅草的生长。对吸收不同养分的作物轮作可以均衡土壤的养分；发生病害不同的作物之间的轮作可以缓解某种作物病害的蔓延。

（二）茶园立体种植模式

1. 概述 茶园立体种植是建立结构合理、功能稳定的茶园复合生态系统，提高茶园生物群落多样性和稳定性的有效途径。我国常见的茶园立体种植主要有如下几种：

（1）茶-农复合型。在茶园内套种花生、大豆、甘薯或蔬菜等作物，特别是在幼龄茶园套种较多。这一类型茶园既可提高茶园生物多样性，又能在短期内迅速提高经济收益，深受茶农欢迎。如在梯壁上加种绿肥植物（如苜蓿、鸡眼草等）或黄花菜等，效果将更好。

（2）茶-果复合型。在茶园内合理套种一定数量的果树（如梨、杧果、柿、葡萄、银杏）或中药（如杜仲）、桑树等，使茶园不仅有茶叶的经济收益，同时也有果、药、桑的效益。

（3）茶-林复合型。在茶园周围种植山苍子、泡桐、乌桕、橡胶及火炬松等林木，一方面利用林木的遮阴作用，改善茶园的生态条件，有利于茶树生长；另一方面增加茶园生物多样性，使生物群落保持最大的稳定性。

茶园立体种植模式为茶叶生长提供了优异的生态环境，有助于提高茶叶的产量和品质，达到优质高产的目的。茶园内套种果树时，果树可遮30%～35%的烈日照射，有助于稳定茶叶产量，提高茶叶品质。林木果树形成的天然隔离带净化了茶园空气，改善了田间小气候，降低了台风侵袭和倒春寒对早发茶叶的危害程度。茶园立体种植模式还有保水、保土、保肥、增加有机质、调节地表温度和消灭杂草的功效，而且可为生物群落提供栖息和繁殖的场所，吸引害虫天敌——鸟类等聚居，为搞好生物防治奠定了基础。

2. 实例研究及经验总结　茶-林立体种植是在茶园四周及梯式茶园的梯坎上，种植一些水杉、板栗、乌桕、泡桐等高干型树木，或在空地较多的丛栽式茶园内间种一些油茶、漆树等中干型经济林木，形成高中低三层立体结构。在茶-林立体复合间作的林木中，应优先选用乌桕和泡桐树，因为这两种树春季发芽较迟，对春茶生产影响不大；夏季枝叶茂盛，可为茶树遮阴，有利于改善生态环境，提高夏茶品质；秋季落叶多，能增加土壤有机质。另外，乌桕籽油是我国十分畅销的重要化工原料，不仅用途广泛，而且经济效益高；泡桐树是一种速生木材，一般5年就可成材，经济效益较高。

（三）林-粮间作立体种植模式

1. 概述　林-粮间作立体种植模式是指在幼林、幼果地里，利用行间、株间空隙土地，间作低秆农作物、药材和蔬菜等，以耕代扶，疏松土壤，消除杂草。这样不仅可以合理利用土地，以短养长，保证林粮双丰收，还可减轻水土流失。树木为粮食作物创造适宜的小生境，保证粮食作物的稳定和优质；对粮食作物的精耕细作，又可促进树木快速生长。

林-粮间作立体种植模式具有良好的综合效益。首先，林-粮间作立体种植模式的经济效益包括农作物产量的提高、品质改善和以木材为主的多种林产品的产出等。同时，林-粮间作能提高农作物抵御旱、涝、风和雹等自然灾害的能力，充分发挥林、粮优势互补互利，并具有双向的增产与保产作用。林果对农作物的增产作用，主要是给农作物创造了良好的生长环境，一般能使农作物增产10%～20%（表2-2）。其次，林-粮间作立体种植模式能充分利用光、热、水资源。林-粮间作打破了传统种植制度对自然资源的利用规律，在新的基础上建立了更高层次的光、热、水利用系统，为林果及农作物创造了一个良好的生长环境，从而达到林茂粮丰。合理的林-粮间作具有显著的防风害和抗干热风的作用。林-粮间作，林带结构虽多属于通风结构，但由于行距小、分布面积大，其防风效果往往优于农田防护林的疏透结构林带。林-粮间作抗干热风的作用，主要表现在改善田间小气候上，林-粮间作对环境温度与湿度起到调节作用，缓解气候极端变化对农作物产生的影响，降低生产风险和自然灾害程度。林-粮间作还有利于全面利用土壤养分，林果和农作物的根系分布层次及所吸收的营养物质不尽相同，可以充分利用土壤养分。另外，林-粮间作能显著提高生物多样性，大面积的林-粮间作为多种动植物提供了生活场所，使生物种类有所增加，生物多样性得到提高。最后，林-粮间作不仅可以显著提高区域粮食产量及自给率，而且可以显著提高农民收入，促进城乡协调、社会和谐发展，社会效益显著。农区适当发展速生经济林，不仅可以美化环境，也可以促进木材加工业的发展，为社会提供财富，大量吸纳富余劳动力，对社会的可持续发展贡献重大。

表 2-2　林-粮间作农田产量状况

项目	黄豆	花生	薯类	瓜类
间作（kg）	240	160	1 800	3 500
对照（kg）	200	140	1 600	3 400
增量（%）	20.0	14.3	12.5	2.9

注：林-粮间作亩产量为除林木占地后的折算亩产量。

2. 实例研究及经验总结

（1）河北省高邑县林-粮间作实现生态与经济效益双赢。近年来，随着绿色生态县战略的深入推进，高邑县作为宜林地较少的农业县，林、粮争地矛盾日渐突出。为突破这一困局，探索一条适合平原农业县造林新路，高邑县在充分调研的基础上，在全县农田中推广了林-粮间作模式，即在基本不影响粮食生长前提下，选择法国梧桐、银杏和白蜡等一批市场前景好、冠形小的经济树种，将其与粮食作物合理间作，通过加强生长期管理，统筹控制二者生长关系，实现林、粮生产两不误，为农民增加新的收入渠道，进一步拓展造林绿化发展空间。

（2）杨-农间作。杨-农间作是农林复合经营的重要组成部分，它有广义和狭义之分。广义的杨-农间作包括农田防护林、典型的小带距杨-农间作和在幼龄杨树速生丰产林内种植农作物等多种方式，即涵盖了以农为主、林农并重和以林为主 3 种形式；狭义的杨-农间作则专指农作物与小带距行状配置杨树所构成的复合经营方式，其林木的行距小于农田防护林，通常在 10～60 m 的范围内。一些地区在杨树行间种植蔬菜、牧草，或实行粮菜轮作，它们也常被包括在杨-农间作范围内，间作物主要为小麦、玉米、西瓜、花生、棉花、豆类、薯类、牧草和中药材等。

在选用杨-农间作模式时，首先应注意杨-农间作模式的空间配置。目前杨-农间作的主要模式是杨-麦、杨-油菜、杨-大豆、杨-花生等，尤其是杨-麦间作是最成功的间作模式。无论哪种模式，由于杨树的遮阴等影响，作物产量总体来说比作物单作的产量低，但综合效益高。因此，应根据不同杨树林结构、年龄和空间布局特征，选择合适的杨树、作物的空间结构。其次应注意提高经济效益，在增加粮食产量的同时，提高农民收入。长江中下游的湖泊水网地区还常采用杨-油菜、杨-油菜（冬）或高粱（夏）、杨-珠海萝卜、杨-珠海萝卜或高粱等间作模式。在西北和华北的干旱地区还有杨-谷子、杨-土豆等间作。在灌溉条件下，常有杨树与蔬菜（白菜、白萝卜、胡萝卜和青刀豆等）、水果（西瓜、白兰瓜、哈密瓜和草莓等）等杨-农间作，是提高杨-农间作效益的很好途径。

（四）林-药间作立体种植模式

1. 概述　林-药间作立体种植模式是指林木、果树与药用栽培植物的空间立体组合的种植方式。在不适合发展经济林的地区，通过营造用材林，建立木本、草本药材基地，或繁殖中药材苗木，均可获得较高的综合效益。林-药间作多采用高大的阳性乔木与植株矮小的耐阴药用植物配合。林木可选择杨、泡桐、杉、松或椿等，既可创收，又可作为风景林；而药材可选用西洋参、玉竹、黄连和柴胡等耐阴植物。例如林-参间作、经济林木-黄连（或绞股蓝、白术、芍药等）间作，主要适用于山地林区；果树（或桑树）-药用植物间作，主要适用于果品和桑蚕生产地区。

当前我国林-药间作主要有以下几种形式：

（1）人工林的药材间作。①杨树、柳树类的药材间作：1～3年内树冠较小时，可以做畦间作的药材品种有龙胆草、防风、柴胡等品种，可以垄作黄芩、板蓝根、远志等品种。2～3年后，树冠变大可以间作细辛、龙胆草、柴胡、三七等品种。②落叶松、樟子松林的药材间作：落叶松1～3年的苗期和樟子松1～5年期间可以间作甘草、防风、柴胡、苏子、板蓝根、桔梗和龙胆草等品种。落叶松、樟子松树冠变大后可选喜阴的品种柴胡、细辛、天南星、三七和天麻等。

（2）防护林的药材间作。①路边、田间防护林的间作。主要间作刺五加、防风、大力子、水飞蓟和苍耳等品种。②防沙固土林地。在退耕还林地、沙土地、河边荒地可栽植枸杞，间种甘草、防风等根类药材。

（3）天然林、次生林的药材间作。天然林一般生长着株距不等、疏密不均的各种杂木，如杨树、桦树、椴树、榆树和柞树等树种。适宜间作的药材主要有五味子、穿山龙、刺五加和福寿草等。

林-药间作的主要优势：①林-药间作不侵占可耕土地。可耕土地上可继续发展现代农业，种粮、种棉和种菜等。②林-药间作可以充分利用原有的林地、土地和退耕还林土地，提高土地使用率和土地生产效益。③退耕还林之后，林木在10年甚至几十年间不能采伐，农民长期得不到经济效益，从而影响造林、管林、护林的积极性。林-药间作，尤其是药用林木间作药材或果类林木间作药材，可使农民年年获得经济效益，达到生态保护效益和农民经济效益双赢的目的，从而推动退耕还林工程的顺利进行和提高农民造林、管林、护林的积极性。④经济效益的驱动，可提高农民管理的积极性，在管理药材的同时（包括施肥、浇水、中耕除草和除虫）林木也得到了管理，有利于林木生长。⑤林-药间作，由于没有占用可耕土地，便于发展多年生中药材种植和长线药材种植，如吴茱萸、山楂、仁用山杏、红枣、多年生黄芪、远志和大黄等品种，以及市场滞销价低的药材品种，如知母、瓜蒌等长线品种，待市场货紧价升后采收，可使农民获得较高经济效益。

2. 案例研究及经验总结 林-参间作模式属于林-药前期间作类型，多在适于人参生长的天然林皆伐迹地或天然次生林的更新改造林地上进行。前期采用林木与人参间作种植，间作时间一般为3～5年，人参采收以后再在栽参的床面上栽植经济价值较高的阔叶树，用以建成速生、优质、高产的针阔混交林。为避免林木和人参的地下竞争，间作的林木一般应选择深根性的珍贵树种。通常选用的树种有红松、落叶松、紫椴、水曲柳、胡桃楸、桦和榆等。在辽东山区，为了有效防止水土流失，还可选用云杉、紫穗槐等。

据安徽省林业科学研究所调查，安徽淮北地区在稀疏泡桐树下间作白术，每公顷种植180 000株以上，年产白术100～150 kg。安徽界首等地在和小麦间作的3年生泡桐林下间种板蓝根，可收获鲜根4 500～6 000 kg/hm^2，价值400～500元，林下间种金银花，可产750～1 125 kg/hm^2 干花。又如林木、杜仲（厚朴、黄柏等）、桔梗（射干）等立体种植模式，每公顷种杉木3 000株、木本药材树种1 950～2 250株。长、中、短期效益结合，桔梗2～3年收获，每公顷可收750 kg桔梗，木本药材林每公顷采伐量37.5 m^3，20年生用材林主伐，每公顷蓄积 180 m^3，总收入大大高于纯用材林。

（五）林-菌或粮-菌间作模式

1. 概述 林-菌或粮-菌间作模式指林下或作物的下层种植食用菌，如林地常见的林木（果树、桑等）与食用菌模式，南方水稻产区常见的水稻（茭白等）与食用菌（平菇）模式等。

林-菌（粮-菌）间作模式利用林间、田间闲置空地进行菌类生产，在确保林业（农业）生产的同时，提高土地综合利用率，具有良好的综合效益（图 2-2）。林-菌（粮-菌）间作模式协调了生态建设和农业建设在土地需求上的矛盾，形成以短养长、长短结合、优势互补的林业（农业）生产新格局，同时极大地促进了农村经济发展，成为农民增收致富的一条新路子。

图 2-2 林-菌间作模式

2. 案例研究及经验总结 永乐店镇在京、津、冀的交界处，面积 104.68 km^2，是北京市通州区地域面积最大的乡镇。1999 年，通州区率先在北京市提出并实践了发展速生丰产林建设工程，并把发展速生丰产林纳入 2000 年林业产业化发展的重点工程。截至 2006 年，全区约有速生丰产林 0.67 万 hm^2，特别是永乐店镇就拥有速生丰产林 0.4 万 hm^2，经过几年的精心抚育，2006 年约有 0.2 万 hm^2 速生林进入郁闭生长期，林地内已不能间作其他农作物。为合理经营和更好地利用林地资源，提高林地的综合利用率。2004 年，通州区林业局和永乐店镇政府通过考察和学习，聘请专家共同研究，并在速生林地内进行试验，创造出林-菌间作项目，旨在利用林间闲置空地，充分利用林地小气候进行菌类生产，使农民在种植速生林的同时，得到更多的收益。建成了高标准综合菌种、菌棒生产加工厂，林下食用菌生产暖棚及水利、电力等配套基础设施，以推广林-菌间作发展林下香菇、木耳、灵芝等食用菌为重点，大力推广反季节栽培等技术。

为适应林-菌间作发展的需要，进一步加快林菌产业化进程，使更多的农民从中得到实惠，通州区于 2006 年在已有菌棒生产能力的基础上发展到年生产菌棒 600 万棒，带动 600 多农户从事林下食用菌生产，并安排 200 个左右的就业岗位。

（六）庭院种植

1. 概述 庭院种植是指农户充分利用家庭院落和屋顶的空间、周围的空坪隙地和各种资源，发展立体种植。它既包括传统的间作、混种和套作，也包括庭院特殊环境下的一些特殊立体种植项目。也就是说，庭院立体种植可以在平地相对高度范围内种植，也可以利用庭院内一些设施，如树木、院墙、屋顶或专门搭设棚架进行种植。因此，庭院种植是一种空间和时间高度集约的种植模式。例如葡萄（瓜、果）-蔬菜（花卉）-食用菌的空间立体种植，尤其适用于城市居民住宅的庭院和房顶、阳台等处。庭院种植业发展到今天，已不再是一种维持和简单改善生活的手段，而是以庭院及其周围，甚至包括承包地的一部分或全部荒山、荒地为对象，依靠家庭和庭院所特有的优势，集中使用良种技术、耕种技术、经营技术和信息技术等手段，进行一定规模、高效益和集约化种植的生产活动。庭院种植通常与养殖业相结合，其模式一般为农户利用住宅内部与房前屋后、天井屋顶等四周空间和地域，见缝插针种植经济林果，下层种植蔬菜、药材、花卉，养鱼、养畜禽，培植食用菌，棚架种植攀缘植物，空中养鸽、鸟类，地下室用来对蔬菜、水果保鲜等，让庭院形成一个布局合理、环境优美的生产生活基地。

庭院种植利用家庭院落及其周围的空地发展种植业，一方面有助于改善庭院环境，形成宜人的居住环境，另一方面可以提供大量新鲜果蔬等，产生经济收益，改善生活水平。庭院种植是一个微型农业生态系统和复合式的生产结构，具有管理方便、经营灵活、集约性强和经济效率高等特点，对发展农村市场有着重要的作用。

2. 案例研究及经验总结　沿江高沙土地区位于苏中平原，属亚热带北缘、副热带湿润气候区，光、温、水高峰基本同季，日照充足，有效积温高，雨水充沛，无霜期长。该区历史上就有充分利用房前屋后庭院及四旁地栽植银杏树的传统习惯，特别是20世纪80年代以来随着种植业向多层次、多样化方面的不断发展，加上银杏核价格的大幅度提高，家家户户扩大银杏的栽植，基本上实现了庭院银杏化。据初步统计，该区庭院挂果银杏树已超过200万株，年产银杏核近4万t，是全国银杏主要产地之一。在大力发展庭院银杏栽植的同时，广大农民又将农田高效间、套、复立体种植模式引向庭院银杏地，根据银杏的生长发育特点及行、株距大的优势，科学合理地间套作蔬菜、药材、食用菌、花卉苗木盆景、桃杏柿李葡萄果树或胡桑等经济作物，有效地挖掘出银杏地潜力，由此产生的经济、社会和生态效益十分显著。

第三节　生态养殖模式

一、生态养殖的概念及特点

（一）生态养殖的概念

生态养殖是指根据不同养殖生物间的共生互补原理，利用自然界物质循环系统，在一定的养殖空间和区域内，通过相应的技术和管理措施，使不同生物在同一环境中共同生长，实现保持生态平衡、提高养殖效益的一种养殖方式。

这一定义，强调生态养殖的基础是不同养殖生物间的共生互补原理；条件是利用自然界物质循环系统；结果是通过相应的技术和管理措施，使不同生物在一定的养殖空间和区域内共同生长，实现保持生态平衡、提高养殖效益的目的。

生态养殖的含义可以理解为广义和狭义两种。广义的生态养殖简单地说就是“农-林-牧-渔”模型，种养结合，相得益彰，以自然生态为基础，发展循环经济，提升综合生产效益。常见的广义生态养殖有如“猪-沼-果”“桑-猪-鱼”等模式。这种模式更准确的定义应该是“生态农业”，或者是“以养殖业为基础的生态农业”。

狭义的生态养殖则明确定位于牧场，原则上并不涉及农业、林业等范围，其生态理念及生态技术实施的核心就是牧场，是打造真正意义上的生物安全牧场、食品安全牧场、环境友好牧场、生态循环牧场、低耗高效牧场。可以说狭义的生态养殖是当前养殖业最迫切需要的可持续发展模式，是养殖业摆脱污染、浪费、生物危机和恶性循环局面，走健康养殖业道路的必然选择。

（二）生态养殖的特点

1. 多样性 多样性指的是生物物种的多样性。我国地域辽阔，各地的自然条件、资源基础的差异较大，造就了我国丰富的生物物种资源。发展生态养殖，可以在我国传统养殖的基础之上，结合现代科学技术，发挥不同物种的资源优势，在一定的空间区域内组成综合的生态模式进行养殖生产。例如，林下养鸡、稻田养鱼的生态种养模式。

生态养殖模式充分考虑到物种的生态、生理以及繁殖等多个方面的特性，根据各个物种之间的食物链条，将不同的动物、植物以及微生物等，通过一定的工程技术（搭棚架、挖沟渠等）共养于同一空间地域。这是传统的单独种植和养殖所不能比拟的。

2. 层次性 层次性是指种养结构的层次性。因为生态养殖涉及的生物物种比较多，所以养殖者要对各个物种的生产进行有层次的合理安排。

层次性的体现形式之一就是垂直的立体养殖模式。例如，在水田生态养殖模式中，可以在水面养浮萍，水中养鱼，根据鱼生活水层的不同，在水中进行垂直放养；还可以在田中种植稻谷，在田垄或者水渠上搭架种植其他的瓜果作物，充分发挥水稻田的土地生产潜力，增加养殖的层次。

生态养殖就是充分利用农业养殖自身的内在规律，把时间、空间作为农业的养殖资源并加以组合，进而增加养殖的层次性。

各个生物品种间的多层次利用，能够使物质和能量得到良好的循环利用，最终提高经济效益。

3. 综合性 生态养殖是立体农业的重要组成部分，以“整体、协调、循环、再生”为原则，整体把握养殖生产的全过程，对养殖物种进行全面而合理的规划。在养殖过程中，需要考虑不同生产过程的技术措施会不会给其他物种的生长带来影响。例如，在稻田中养鱼，如果要防治病虫，首先需考虑农药会不会对鱼群的生长造成不利影响。因此在防治时，要注意用药的剂量以及药品的选择等。此外，综合性还体现在养殖生产的安排上，养殖要及时、准确而有序，因为各个物种的生长时间以及周期并不相同，要求养殖者安排好各个方面。

在进行生态养殖之前，做好充足的准备。首先选好养殖场所，其次掌握一定的技术，并加强种养过程的管理。

4. 高效性 生态养殖通过物质循环和能量多层次综合利用，对养殖资源进行集约化利用，降低养殖的生产成本，提高效益。例如，通过对草地、河流、湖泊以及林地等各种资源的充分利用，真正做到不浪费一寸土地。将鱼类与鸡、鸭等进行合理共养，充分利用时、空、热、水、土、氧等自然资源以及劳动力资源、资金资源，并运用现代科学技术，真正实现集约化生产，提高经济效益，还使废弃物得到了进一步的合理利用。

生态养殖还为农村大量富余劳动力创造了更多的就业机会，提升了农民从事农业养殖的积极性，有利于农民致富和社会的和谐稳定。因此，生态立体养殖不仅是一种高产高效的生产方式，还提升了农业养殖的综合生产能力和综合效益，达到经济、社会、生态效益的完美统一。

5. 可持续性　生态养殖的可持续性主要体现在养殖模式的生态环保。生态养殖解决了养殖过程产生的废弃物污染问题。如禽类的粪便如果大量堆积，不但会污染环境，还易传播疾病。采用立体的生态养殖模式，禽类的粪便可用来肥水养鱼，或者作为蚯蚓的饲料，或者当作作物的有机肥料。因此，生态养殖能够防治污染，保护和改善生态环境，维护生态平衡，提高产品的安全性和生态系统的稳定性、可持续性，利于农业养殖的可持续发展。

二、生态养殖的主要模式

（一）以沼气为中心的生态养殖模式

在我国南北各地，以沼气建设为中心，以各种农业产业为载体，以利用沼肥为技术手段，产生了多种农业生产模式，如“猪-沼-果”“猪-沼-稻（麦、菜、鱼）”等。这些模式使传统农业的单一经营模式转变成链式经营模式，延长了产业链，减少了投入，提高了能量转化率和物质循环率。

这些模式利用山地、农田、水面、庭院等资源，采用“沼气池、猪舍、厕所”三结合工程，围绕主导产业，因地制宜开展“三沼”（沼气、沼渣、沼液）综合利用，达到对农业资源的高效利用和生态环境建设、提高农产品质量、增加农民收入等效果。沼气用于农户日常做饭、照明，沼肥（沼渣）用于果树或其他农作物，沼液用于拌饲料喂养生猪，果园套种蔬菜和饲料作物，满足育肥猪的饲料要求。除养猪外，还包括养牛、养鸡等养殖业；除果业外，还包括粮食、蔬菜、经济作物等。模式的作用主要表现在：①实现了农村生活用能由烧柴到燃气的转变，因此保护和培植了绿色资源，为维护和恢复大自然的生态环境治理了源头；②由于开展了沼肥综合利用技术，充分合理地利用了农业废弃物资源，在农业生产系统中，实现了能流与物流的平衡和良性循环，以及多层次利用和增值，几乎是一个闭合的生态链。

1. 北方“四位一体”生态模式　所谓“四位一体”是指沼气池、保护地栽培大棚蔬菜、日光温室养猪（禽）及厕所四个因子，合理配置，最终形成以太阳能、沼气为能源，以人畜粪尿为肥源，种植业（蔬菜）、养殖业（猪、鸡）相结合的保护地“四位一体”能源高效利用型复合农业生态工程。

该模式是“开发了菜园子，满足了菜篮子，丰富了菜盘子”，高度利用能源、土地资源、时间资源、饲料资源及劳动力资源，经济效益高、社会效益高、生态环境效益高。

（1）北方“四位一体”生态模式的特点。“四位一体”生态模式的基础设施为塑料膜覆盖日光温室（面积为 6 m×30 m），在温室的一侧由山墙隔离出面积为 15～20 m^2 的地方，地面上建畜禽舍和厕所，地下建沼气池（池容为 8～10 m^3）。山墙的另一侧为蔬菜生产区。沼气池的出料口设在蔬菜生产区，便于沼肥的施用。山墙上开 2 个气体交换孔，以便畜禽排出的二氧化碳（CO_2）等气体进入蔬菜生产区，蔬菜的光合作用产生的氧气流向畜禽舍。畜禽粪便冲洗进入沼气池，并加入适量的秸秆进行厌氧发酵，产生的沼渣可用作底肥，沼液可用作叶面施肥，也可作为添加剂喂猪、鸡。温室内具有适宜的环境温度，即使在严冬也能保持在 10 ℃以上，在温室内饲养猪、鸡增收效果明显。因此它具有如下特点：

① 立体经营。多业结合，集约经营，充分利用地下、地表和空中的空间，使设施内的空间得到最大限度的合理利用。在设计方面，将沼气池埋入温室的地下；地面空间分为两部分，一部分用于植物种植，另一部分用于家畜养殖，养殖区上部的空间用于家禽养殖。把动物、植物、微生物结合起来，加强了物质循环利用，提高了经济效益、社会效益和生态效益。

② 生态环保。该模式充分循环利用了各种废弃资源，变废为宝，并且不对自然产生危害，保护了自然环境，改善了农村的卫生条件。

③ 多级利用。植物的光合作用为畜禽提供新鲜氧气（O_2）；畜禽呼吸吐出的二氧化碳（CO_2）给植物的光合作用提供了原料；沼液用作叶面肥料和作物的杀虫剂；沼渣用作农田的有机肥及蘑菇栽培的基质；沼气中的甲烷（CH_4）可以给日光温室增温，点沼气灯可以增加光照，产生的二氧化碳（CO_2）可促进植物的光合作用。

④ 系统高效。通过各种技术接口，强化系统内部各组成部分之间的相互依赖和相互促进的关系，从而保证整个系统运行的高效率；同时，由于系统的生产严格遵循自然规律，也就是实现了生态化生产，所以该模式生产的农产品的品质和产量就得到了提高，从而保证系统的高效产出。

（2）北方“四位一体”生态模式的技术要点。

① 核心技术。沼气池建造及使用技术；猪舍温、湿度调控技术；猪舍管理和猪的饲养技术；温室覆盖与保温防寒技术；温室温、湿度调控技术；日光温室综合管理措施等。

② 配套技术。无公害蔬菜、水果、花卉高产栽培技术；畜、禽科学饲养管理技术；食用菌生产技术等。

“四位一体”工程实施场地应选在宽敞、背风向阳、没有树木或高大建筑物遮光的地方，一般选择在农户房前。总体宽度在 5.5～7 m，长度在 20～40 m，最长不宜超过 60 m，一般面积为 80～200 m^2。温室应坐北朝南，东西延长，如果受限制可偏西或偏东，但不能超过 15°。对于场地面积较小的农户，可将猪舍建在日光温室北面。在温室的一端建 15～20 m^2 猪舍和 0.5～1 m^2 厕所，地下建 8～10 m^3 沼气池，沼气池距农舍灶房一般不超过 15 m，做到沼气池、厕所、猪舍和日光温室相连接。

（3）北方“四位一体”生态模式的优势。

① 蔬菜增产效果明显，品质改良显著。该模式所产蔬菜提前上市 40 d，生长期延长 20～30 d，产量有大幅度的提高。大棚黄瓜畸形少，瓜直色正，口感好，深受消费者欢迎。

② 防病虫害效果明显。施用沼渣、沼液对黄瓜、番茄的早期落叶、黄斑病等病害有抑制作用；对虫害防治效果明显，对蚜虫、红蜘蛛等虫害的防治效果达 90%以上；减少农药使用次数，有利于无公害蔬菜的生产。

③ 畜禽增重效果显著。该模式所产沼液为弱碱性，有利于猪、鸡的生长发育；沼液富含多种氨基酸、维生素及复合消化酶，能促进生物体的新陈代谢和提高饲料利用率。用沼液做饲料添加剂，猪平均日增重 0.7 kg 以上，最高可达 0.77 kg，提高了出栏率；肉鸡生长快，出栏时间可提前 7～10 d。

④ 提供了有机肥，增加了土壤肥力。一个 10 m^3 沼气池一年可产 6 t 沼渣，用沼渣做基肥，可减少化肥的施用量，降低生产成本，减轻农业污染，提高土壤有机质含量。长期使用沼肥，可使土壤疏松、结构优化，土壤肥力显著提高。

⑤ 节约了能源。在大棚内建沼气池解决了冬季不产气的问题，10 m^3 沼气池年产沼气可达 810 m^3，除用于照明、做饭、烧水外，还可以为蔬菜生长提供 CO_2，有利于提高棚温和增加光照时间。

（4）北方“四位一体”生态模式的效益分析。

① 经济效益分析。“四位一体”生态模式的蔬菜产量高、品质好、销售快，每组大棚一般年收入 6 000～10 000 元，增加经济收入 1 500 元左右。大棚内养肥猪年出栏 6～8 头，可

增加经济收入 1 500 元以上。总之，“四位一体”种养生态模式每组大棚比普通大棚年增收 3 000～8 000 元。大棚建设投入当年即可收回，并略有节余。一次投资，多年受益，经济效益十分显著。

② 社会效益和生态效益分析。“四位一体”生态模式有效地改善了农村环境卫生，推动了畜牧业的发展，在种养综合利用方面是一个创举，对丰富“菜篮子”发挥了重要作用，加快了在农村大力推广节能实用技术的进程。该模式的生态效益更为突出，大棚内建沼气池，池上搞养殖，既能消化处理秸秆，又能使粪便入池进行厌氧发酵，减少环境污染，而且沼渣、沼液又是上好的无公害肥料，长期使用，可减少病虫害发生。

总之，“四位一体”生态模式实现了生态效益、经济效益和社会效益的同步增长，加快了农业系统内部能量、物质的转化和循环，对保持农业生态平衡起到了积极作用。“四位一体”生态模式所生产出的农产品基本符合国家规定的无公害农产品质量标准，推广这种模式是发展无公害农业、绿色农业、有机农业的有效途径。因此，“四位一体”生态模式能推动农业可持续发展、创建绿色生态家园，具有推广价值。

2. 西北“五配套”生态果园模式　该模式是从西北丘陵旱作农业地区的实际出发，以农户土地资源为基础，以太阳能为动力，以沼气池为纽带，形成以牧促沼、以沼促果、果牧结合、配套发展的良性循环体系。具体形式是每户建一口沼气池、一个果园、一座太阳能猪圈、一个蓄水窖和一座看管房。

模式以 3 335 m^2（5 亩）左右的成龄果园为基本生产单元，在果园或农户住宅前后配套建一口 8～10 m^3 的新型高效沼气池，一座 12～15 m^2 的太阳能猪圈，一个 60 m^3 的水窖及配套的集雨场，再配套一个节水滴灌系统。实行厕所、沼气池、猪圈三结合，猪圈上层放笼养鸡，猪圈下建沼气池，形成鸡粪喂猪、猪粪入池产沼气的立体养殖和多种经营系统。

（1）西北“五配套”生态果园模式的特点。从有利于农业生态系统物质及能量的转换与平衡出发，充分发挥系统内的动物、植物与光、热、水、土、气等环境因素的作用，建立起生物种群互惠共生、相互促进、协调发展的能源-生态-经济良性循环系统，高效利用土地资源和劳动力资源。它的好处是“一净、二少、三增”，即净化环境，减少投资、减少病虫害，增产、增收、增效。每年可增收节支 2 000～4 000 元。

（2）西北“五配套”生态果园模式的技术要点。

① 沼气池是生态果园的核心。沼气池起着连接养殖与种植、生活用能与生产用肥的纽带作用，在果园或农户住宅前后建一口沼气池，既可解决照明、做饭所需燃料，又可解决人、畜粪便随意堆放所造成的病原菌的污染传播。同时，沼气池所产生的沼液可用于果树叶面喷施、喂猪，沼渣可用于果园施肥。

太阳能猪圈是实现以牧促沼、以沼促果、果牧结合的前提，既解决了猪和沼气池的越冬问题，又提高了猪的生产率和沼气池的产气率。太阳能猪圈北墙内侧设 0.8～1 m 的走廊，北走廊与猪圈之间用 1 m 高的铁栅栏隔开。

② 集水系统。集水系统是收集和储蓄地表雨、雪等水资源的集水场、水窖等设施，主要用于果园滴灌、沼气池用水。每个水窖按 60 m^3 体积设计，采用拱形窖顶、圆柱形窖体，以保证水窖在储水和空置时都能保持相对稳定。水窖在每年 5—9 月收集自然降水，加上循环多次用水、再储水，年可蓄积自然降水 120～180 m^3。

③ 滴灌系统。滴灌系统是将水窖中蓄积的水通过水泵增压提水，经输水管道输送、分配到滴灌管的滴头，以水滴或细小射流均匀而缓慢地滴入果树根部附近。结合滴水还可将沼

气池产生的沼液肥随水施入果树根部，使果树根系区能经常保持适宜的水分和养分。

3. 南方“猪-沼-果”生态家园模式 此模式是我国南方地区推广的沼气生态农业模式，它是以沼气池为纽带，与现代农业技术有机结合的一种实用技术体系。“猪-沼-果”模式是一个广义的概念，其中的“猪”也可以是牛、鸡、羊等能为沼气池提供发酵原料的畜禽；“果”指能用沼液、沼渣作为肥料的农作物，如果树、蔬菜、花卉、花生、甘蔗、茶树等，因此，又有“猪-沼-菜”“猪-沼-茶”等生态模式。

（1）南方“猪-沼-果”生态家园模式的特点。

① 模式设计依据生态学、经济学原理，以沼气池为纽带，以太阳能为动力，以牧促沼、以沼促果、果牧结合，建立各生物种群互惠共生、食物链结构健全、能量流和物质流良性循环的生态系统。

② 利用沼气的纽带作用，将养殖业、种植业有机连接形成的农业生态系统，实现了物质及能量在系统内的合理流动，从而最大限度地降低了农业生产对系统外物质的需求。

（2）南方“猪-沼-果”生态家园模式的技术要点。以一户农户为基本单元，利用房前屋后的山地、水面、庭院等场地，在平面布局上，要求猪栏必须建在果园内或果园旁边，不能离得太远，沼气池要与畜禽舍、厕所三结合，使之成为一个工程整体。主要形式是“户建一口沼气池，人均年出栏两头猪，人均种好一亩果”。它是用沼液加饲料喂猪，猪可提前出栏，节省饲料 20 %，大大降低了饲养成本，激发了农民养猪的积极性。

果园面积、生猪养殖规模、沼气池容积要合理组合，首先要根据果园栽培的面积来确定肥料的需用量，然后确定猪的养殖头数，再根据生猪的养殖规模来确定沼气池容积的大小。一般按每户建一口 8 m^3 的沼气池、常年存栏 4 头猪并种植 2 668 m^2（4 亩）果园的规模进行组合配套。

（二）以稻田为主体的生态养殖模式

我国自然资源特色明显，地区差异显著，各农区结合本地优势，因地制宜构建了众多农牧结合的生态农业模式。南方地区以稻田生态系统为主，发展了以水稻生产为核心的众多农牧结合模式，如稻鹅、稻鸭、稻渔等农牧结合模式。

1. 稻鹅结合模式

（1）基本模式。稻鹅结合模式（图 2－3）主要是在我国稻作区，利用稻田冬闲季节，种植优质牧草，养殖肉鹅（四季鹅）。一般情况下，黑麦草是比较普遍的牧草品种。多数地区在水稻收割前 7～10 d，将黑麦草种子套播到稻田，利用此时稻田土壤还比较湿润，促进牧草种子发芽出苗。套播能延长牧草的生育期，提高牧草产量，并使牧草的刈割时间提前，促进肉鹅提早上市，增加养殖利润。肉鹅多半是圈养与放牧结合，在苗鹅时期，气温比较低，鹅的抗病能力差，牧草生长量小，苗鹅多在农田周边的鹅舍中圈养，要注意鹅舍的增温保温。农户将牧草收割回去后，切成小段，与精饲料配合喂养苗

图 2－3 稻鹅结合模式

鹅。待春暖花开，气温升高并相对稳定后，开始进行放牧。有计划地将稻田划分为若干区域，进行轮牧。晚上收鹅回舍，并补充一些精饲料。鹅舍边挖建一水池，供鹅活动。正常情况下，一般 667 m^2 稻田可饲养50～100 只肉鹅，具体数量要看牧草生长情况，及精料补充量的多少。稻鹅结合模式，在稻-麦两熟地区发展非常迅速，其典型模式为水稻套播牧草喂养肉鹅，即稻-牧草-鹅模式。

（2）技术关键。

① 牧草种植技术。为确保冬春鹅饲养所需青草，减轻劳动强度，牧草应采用套种方式，撒播黑麦草种子 37.5～60 kg/hm^2。栽培要点：适时套播，提早青草采收期。根据田间土壤水分和天气状况，在水稻收割前 7～10 d 将黑麦草撒播在稻田中，同时施入 25 kg/hm^2 复合肥（氮磷钾有效成分为 15－15－15），并开好灌排水沟。及时追施起苗肥，促进早发。在水稻收割后 10～15 d，结合田间灌水，追施尿素 150 kg/hm^2。分次收割，及时补肥。同一田块每隔 10～15 d 采青草 1 次（株高 30～40 cm），留茬 5～6 cm，收后 2～3 d 内，补施尿素 150～225 kg/hm^2。

② 鹅饲养技术。提前整理鹅舍，适时引进苗鹅。在商品鹅出售完后，选晴天及时对鹅舍进行清理、日晒消毒。进鹅前，将鹅舍的保温设施安装、调整好，并对鹅的活动池、活动场进行清理，给活动池换水。在南方农区，第一批苗鹅在 12 月下旬至翌年 1 月初买进，第二批苗鹅在 2 月下旬至 3 月初买进，两批相差 40～50 d。冬季保温防湿，适时放养。鹅舍必须备有保温、排风设施，并同时采用简易增温设备，如煤炉烧水、热气循环增温。在苗鹅出壳 10～15 d 后，视天气和鹅的体质情况，适当进行放养。苗鹅应晚放早收，雨天不放，适当补料，及时防病。在前 10 d，每只每天补料 0.01 kg，11～20 d 为 0.02 kg，31～60 d 为 0.05 kg，61～70 d 为 0.1 kg，71 d 至出售时为 0.25 kg。苗鹅及时注射抗小鹅瘟血清，如出现鹅霍乱，则应对鹅舍进行全面消毒，并将死鹅烧毁或深埋。适时上市，提高商品鹅的品质。

③ 系统耦合技术。稻-牧草-鹅生产模式是一个复合农牧系统，实现水稻、牧草种植系统与鹅饲养系统间的耦合至关重要，只有建立一个农牧结合的有机整体，才能获得最高效益。系统耦合的技术要点之一是合理的品种搭配。水稻品种应选用中熟优质高产品种；黑麦草选用一年生、叶片柔软、分蘖力较强、耐多次收割的四倍体品种，如国产的四倍体多花黑麦草等；鹅选用个体中等、生长速度较快的品种，如太湖鹅与四川隆昌鹅的杂交品种等。种植进程与养殖进程的协同也很重要。水稻采用有序种植方式，后期搁田适当，并最好进行人工收割。牧草采用套种方式，并间作部分叶菜类作物，如油菜、青菜等，供苗鹅食用。鹅采用圈养方式，并分批购进，两批间相隔 40～50 d，以错开对青草的需求时期和上市时间，提高牧草利用率和经济效益。

（3）效益分析。

① 经济效益。稻-牧草-鹅模式是稻-麦两熟农区及双季稻区冬闲田的一种高效利用模式。张卫建等在江苏的试验表明，与当地的稻-麦两熟相比，尽管稻-牧草-鹅生产模式的耕地粮食单产比稻-麦模式低 47.09%，但是稻-牧草-鹅模式的耕地生产率和耕地生产效益分别是稻-麦模式的 2.64 倍和 3.94 倍，其投入产出比也显著低于稻-麦模式，可见，稻-牧草-鹅模式具有明显的经济效益。另外，稻-牧草-鹅模式的经济效益显著高于稻-麦模式，主要在于改冬季种小麦为种牧草饲养鹅，效益递增明显。其中，冬种牧草饲养鹅所增效益占该模

式全年新增效益的80%以上。冬种牧草与种小麦相比，减少了全年农药、除草剂的使用量，从而降低了生产成本。另外，稻-牧草-鹅模式可为农田提供大量优质有机肥（鹅粪及鹅舍垫料），减少了水稻的化肥用量，进一步降低了生产成本，提高了水稻产量。

② 生态效益。稻-牧草-鹅模式不仅经济效益显著，而且生态综合效益也非常明显。首先，在农田杂草控制效应上，江苏的试验发现，发展一轮稻-牧草种植方式后，冬闲田杂草群体密度为85株/m^2，而稻-麦模式后的冬闲田杂草群体密度高达957株/m^2。可见，稻-牧草-鹅生产模式具有明显的杂草控制效应。同时，施行不同复种方式后，不仅杂草总量差异明显，而且杂草的群落结构差异显著。稻-牧草种植方式的冬闲田杂草群体中单子叶类杂草密度比例为27%，而稻-麦模式冬闲田杂草中单子叶所占的比例达72%，杂草以单子叶占绝对优势。其次，在土壤肥力维持方面，稻-牧草种植方式下，土壤总氮、有机质、速效氮、有效磷、速效钾分别比稻-麦复种方式高23.13%、27.10%、31.25%、98.37%、46.73%。土壤肥力明显提高，主要是因为稻-牧草-鹅生产方式下，有大量的黑麦草根系和部分后期鲜草被翻入土壤之中，增加了土壤的有机质来源。同时，因该农牧结合模式有大量的鹅粪产生，这些有机肥均投入到这些田块之中，使土壤肥力得到明显提高。另外，从田间实地考察来看，稻-牧草复种方式下的田块，土壤富有弹性，土层疏松，这表明其土壤团粒结构、疏松度和耕层等土壤物理性状也有明显改良。

③ 社会效益。尽管稻-牧草-鹅生产模式的耕地粮食单产比稻-麦模式低，但稻-牧草-鹅生产模式所提供的食物总量明显高于稻-麦模式。如果把所饲养的鹅以2∶1饲料转化率（实际生产中的转化率还要低）折算为粮食，则稻-牧草-鹅生产模式的耕地粮食单产为16 913 kg/hm^2，比稻-麦模式粮食产量高45.91%。可见，该模式粮食生产能力较强。另外，该模式的应用还有利于我国南方稻-麦两熟地区农业生产结构的全面调整，从根本上减轻因农产品结构性过剩给政府带来的财政压力。同时，该模式每发展0.67 hm^2，可吸纳4～5个农村劳动力，如果进一步发展产后加工业，则可吸纳更多的劳动力，因此该模式还能充分利用南方农区劳动力资源，缓解农村就业压力。可见，该模式不但可明显提高农业效益，增加农民收入，而且对确保我国农村社会的稳定意义重大。

2. 稻鸭共作模式

(1) 基本模式。稻鸭共作系统（图2-4）是以稻田为条件，以种稻为中心，家鸭田间网养为纽带的人工生态工程系统。国内对稻鸭共作有共生、共育、共栖、生态种养和稻丛间家鸭野养等不同提法，其系统结构和技术规程基本类似。稻鸭共作系统的农业生物主要由肉鸭和优质水稻组成，其中肉鸭以中小型品种为主。肉鸭好动，抗病耐疲劳，对水田病虫草害的捕食能力强，生态环境效益突出。水稻则因地方特征而定，可以是双季稻区的早籼稻、杂交籼稻，或单季稻区的中晚稻品种。一般情况下，要求水稻株型紧凑，植株生长势强，抗倒伏。另外与常规稻作系统相比，稻鸭共作系统中的有益昆虫种

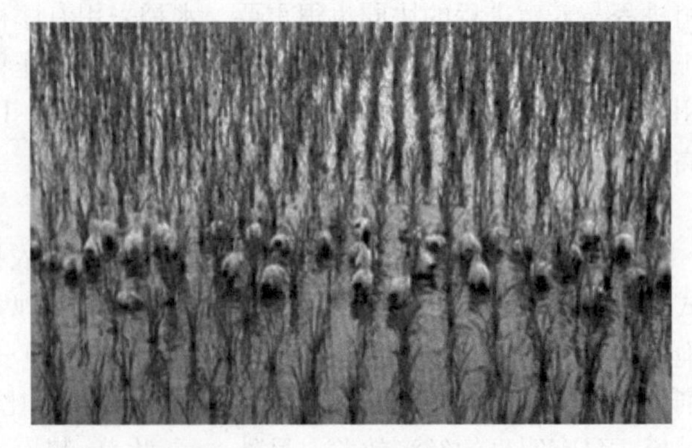

图2-4 稻鸭共作

群数量较大，有害生物种群数量小。虽然有不少学者提出在现有的稻鸭共作系统中增加诸如红萍、绿萍、鱼等生物，以丰富系统组分，提高系统整体效益，但实际应用不多。在系统营养结构上，鸭子以昆虫、水生动物、杂草和水稻枯叶为主要食物。为提高经济效益，生产上也对鸭子补充一定量的饲料。鸭子的排泄物、作物秸秆、有机肥为水稻生长提供全部所需养分，不施用化学肥料，稻鸭构成一个相互依赖、相互促进、共同生长的复合系统。

（2）技术关键。

① 系统耦合技术。我国各地实施稻鸭共作技术的步骤基本类似，一般包括田块的选择与准备、水稻和鸭子品种的选用与准备、防护网与鸭棚的准备、水稻的移栽与鸭子的投放（雏鸭的训水，放养的时间、密度）、稻鸭共作的田间管理和鸭子的饲喂、鸭子的回收和水稻的收获等主要过程。当然各地由于季节和稻作制度的不同，在种养模式的具体技术上亦略有不同。以江苏省为例，稻鸭共作田施肥措施以秸秆还田、绿肥、生物有机肥（菜饼）等基施为主；旱育秧株距 20～23.3 cm，行距 26.7～30 cm，每公顷栽插 15 万～18 万穴，基本苗 75 万～90 万株，放鸭 225～300 只。中国水稻研究所在推广稻鸭共育技术时实行大田畈、小群体、少饲喂的稻田家鸭野养共作模式，施肥措施以一次性基施腐熟长效有机肥、复合肥为主，以中苗移栽为主，实行宽行窄株密植方式，在秧苗返青、开始分蘖时放鸭（雏鸭孵出后 10～14 d），每公顷放养 180～225 只。湖南省稻鸭生态种养田肥料处理实行轻氮重磷钾，一次性基施措施，每公顷施 N 150～165 kg，$N-P_2O_5-K_2O$ 为 1－0.5－1。水稻栽插密度，早稻每公顷 30 万～33 万穴，常规早稻基本苗 180 万～195 万株，杂交早稻 90 万～150 万株；晚稻 27 万～30 万穴，常规晚稻基本苗 157.5 万～172.5 万株。鸭子育雏期 18～20 d，早稻栽后 15 d，中、晚稻栽后 12 d 放入鸭子，每公顷放鸭 180～300 只。安徽省农业科学院在推广稻鸭共作技术时确定的放鸭数量为：常规稻田每公顷放养 105～195 只，早期栽插的水稻田则为 90～105 只。华南农业大学在广东省增城市的示范应用中每公顷放鸭 375 只左右，在秧苗抛植 12 d 左右放鸭下田。云南农业大学在昆明基地的试验中，水稻栽插采用双行条栽（窄行距 10 cm、宽行距 20 cm、株距 10 cm），每穴 3～4 苗。

② 鸭子选用、防护及鸭病防治。鸭子的选用是稻鸭共作技术的重要组成部分。虽然我国鸭种资源丰富，但各地现有鸭品种在灵活性、杂食性、抗逆性等方面还不能真正满足稻鸭共作要求，例如东北稻区就表现出鸭子昼夜耐寒性不够。江苏省镇江市水禽研究所选育的鸭，稻田活动表现出色，肉质鲜嫩，但鸭子体型较小，羽毛黑色，宰杀后商品性稍差，应加强选育体型色泽更美观、功能用途更多样的专用鸭。另外，可用脉冲器来防止天敌危害，但首次投入较大，大面积应用时可省去电围栏，在稻田四周用尼龙网围好，这样可节本增效。要做好鸭子的免疫和病害防治，如发现病鸭要及时处理。

③ 水稻栽插方式及农机配套。稻鸭共作生产中，考虑到鸭子在田间的活动，应扩大水稻种植的株行距，常采用较宽大的特定株行距来进行栽插，但对水稻高产稳产来说，基本苗数往往显得不够。朱克明等认为适当提高移栽密度不影响鸭子除草捕虫效果而利于获得优质高产。生产上如何协调稻鸭共作稀植要求与保持水稻高产稳产的栽插密度之间的矛盾，应针对不同水稻类型、不同生育期的品种来进行试验研究，不能一概而论。

④ 施肥制度与病虫防治。现行稻鸭共作技术一般只在基肥中施入适量的有机肥或绿肥，即使加上鸭粪还田，在水稻抽穗后往往仍出现肥力不足的现象，导致产量下降。有研究表

明，鸭粪有肥田作用，但仅相当于水稻20%左右氮肥施用量。同时有研究认为，在不施肥条件下并未显示因养鸭而增产的情况，提出不能因运用此项技术而减少肥料施用量。施用适量有机复合肥作为稻鸭共作技术的水稻促花肥，对水稻有明显的增产作用。如果一味地强调只在基肥中多施有机肥，也会对稻田生态带来负面影响。另外，鸭能够有效清除稻田主要害虫并减轻病害发生，但对危害稻株上部的三化螟、卷叶螟防效较差，尤其在抽穗收鸭后还有1个多月的水稻灌浆期，难以继续发挥鸭子的除虫作用。虽有调查认为稻鸭共作的白穗率比非养鸭田降低74.2%，但更多的研究结果显示抽穗后水稻白穗率增多9.3%～10.3%，严重的达到18.4%。因此，做好稻田后期的生物防治显得尤为重要。生产上除通过种子处理防止原种带菌、调整播栽期避开螟虫危害和适当使用生物农药防治外，还可采用物理防治方法来减轻病虫危害，如采用频振式杀虫灯来防治害虫。

（3）效益分析。

① 经济效益。试验表明，发展稻鸭共作系统，改传统稻作为有机稻作，生产有机稻米和鸭产品，经济效益非常突出。浙江省对1.5万 hm^2 稻鸭共作示范田统计发现，由于养鸭收入与无公害大米加价以及节省成本等，稻鸭系统的纯收入比传统稻作模式增加3 500元/hm^2以上。湖南省长沙市秀龙米业公司示范推广稻鸭共作系统所生产的农产品，大米在普通优质米基础上加价5%～10%，生态鸭、生态蛋比普通鸭、蛋价高20%以上，平均纯收入增加2 000元/hm^2 左右。发展稻鸭共作模式，有利于提高农业效益和农民收入。

② 生态效益。稻鸭共作系统的生态效益主要表现在对病虫草害防治、土壤质量保持和农田环境保育上，尤其是对田间杂草的防治，效果显著。现有试验均表明，鸭喜欢吃禾本科以外的水生杂草，再加上田间活动产生浑水控草作用，稻鸭共作除在少数田块少数稻丛间有少量稗草出现外，对其他杂草有90%以上的防效，显著高于化学除草效应。江苏省镇江市稻鸭共作区水田杂草控制率在99%以上，其中鸭子活动产生的浑水控草效果也达75%以上。湖南省的调查结果显示，早稻田杂草减少95%以上，晚稻田杂草减少65%以上。同时，稻鸭共作的除虫防病效果也比较显著，能消灭稻飞虱、稻叶蝉、稻象甲、福寿螺等。另外，稻鸭共作对土壤改良和增肥效果也非常明显。鸭在田间活动，具有很好的中耕和浑水效果，能疏松土壤，促进土壤气体交换，提高土壤通透性。鸭的排泄物具有显著的增肥培土效应，1只鸭排泄在稻田的粪便约为10 kg，所含的养分相当于N 47 g、P_2O_5 70 g、K_2O_3 1 g，等于50 m^2 水稻对N、P和K的需求量。可见，稻鸭共作可大大减少除草剂、农药、化肥等用量，对稻田生态环境健康非常有利。

③ 社会效益。首先，将家鸭饲养纳入水田有机种植系统之中，可提高农产品的供应量，丰富人民的食物结构，提高食物安全的保障水平。据中国水稻研究所的试验结果，通过发展稻鸭共作模式，在确保水稻单产不变甚至有所提高的基础上，可产出300～400 kg/hm^2 的家鸭。江苏省镇江市几年的实践也表明，不计算鸭蛋的产量，稻鸭模式也可生产肉鸭250～300 kg/hm^2。其次，将家鸭饲养纳入有机优质稻米生产系统后，不仅可以促进水田种植结构的调整，而且可扩大农区家禽饲养量，节省饲料用粮，进而有利于调整农区以生猪饲养占绝对优势的畜牧业结构。而且，稻鸭模式的发展及其产后加工链的跟进，也有利于农村富余劳动力的安排。试验和调研表明，发展1 hm^2 稻鸭共作模式，就可多安排2～3个农村劳动力，如果再进一步发展农产品加工，则可安排更多的劳动力。稻鸭共作模式的发展可以加快农业产业化进程，促进农民生产意识的转变与提升。

3. 稻渔共作模式

（1）基本模式。稻田养鱼（图 2-5）在中国有长期传统，早在三国时代（220 年左右）已有稻田养鱼的文献记载。中华人民共和国成立初期，我国西南地区和华南山区就开始利用稻田来养鱼，以满足其对渔产品的需要，稻田养鱼已是这些地方的传统生产模式。现在稻田养鱼地区已扩展到包括华北甚至黑龙江在内的 20 多个省（自治区、直辖市）。生产模式也从传统的单一层面的粗放养殖转变到高堤深沟、垄上种稻、沟中养鱼；从冬休田的单一养鱼转变到菜-稻-鱼、麦-稻-鱼和早稻-晚稻-鱼的轮作；从单一品种（鲤鱼）转变到包括草鱼、罗非鱼、鲇鱼等。近年来，一些特种水产养殖如螃蟹、虾、泥鳅和黄鳝等，也与水稻种植相结合，构建成多样化的稻田养殖系统。

图 2-5　稻田养鱼

在水稻和鱼所形成的生态系统里，杂草与稻之间存在着竞争关系，稻与鱼之间存在着共生关系。在水稻生长季节把鱼种放养在稻田里，鱼种牧食田里的杂草，而稻秧则由于食物大小不适口而完整地保留下来，从而减轻了杂草与水稻之间对光照、空间和养料的竞争。田里的害虫由于鱼的捕食而得到控制。稻田里的浮游植物、浮游动物、底栖无脊椎动物和有机碎屑可充当鱼的天然饵料。同时，水稻为鱼提供了可以躲避阳光直接照射的藏身之地，鱼的呼吸所产生的二氧化碳丰富了田里水中的碳含量，增加了田里浮游植物和水稻的光合作用活力。水稻田里鱼的排泄物和死亡的有机体成为水稻的肥料，鱼的运动和摄食活动起到疏松土壤结构的作用，有利于水稻吸收养料。这些作用的总和，使人们在收获渔产品之外，稻谷也增了产。

（2）技术关键。

① 稻鱼结合模式。首先，应重视稻田的准备工作。选择阳光与水源充足、排灌方便、不受旱涝影响的稻田为稻鱼结合模式的种养稻田。加高加宽田埂，开挖鱼坑、鱼沟，结合春季整地，分次将田埂加高到 0.3～0.4 m，在进水口田埂边缘处开挖深 1.2 m、面积占田面 4%～5%的坑塘，坑壁用木板、竹片加固，坑塘和大田之间筑一小埂。栽秧返青后，根据田块大小开挖“十”“井”“田”等形状鱼沟，鱼沟宽、深各 0.35～0.4 m，要做到坑沟相通，移出的禾苗移栽到沟两边。田埂上种田埂豆，坑塘上搭棚种瓜，这样有利于鱼苗过夏，又能增加收入。在进出水口要安置拦鱼栅，拦鱼栅可用竹篾、铁丝编制，空隙为 0.5 cm，栅栏顶部要求高出田埂 0.2 m 左右，底部要插入稻田 0.3 m。其次，要注意鱼苗的放养，放养前必须将坑塘中淤泥挖出回田，堵塞漏洞。加固鱼坑四壁。鱼种投放前 8 d，坑塘按每立方米水体 0.2 kg 生石灰兑水泼洒消毒。2—3 月，根据稻田及鱼种供应条件，每公顷放 13.3～20 cm 草鱼 1 800 尾，10～13.3 cm 鲤鱼 1 200 尾，6.7～10 cm 鲫鱼 1 200 尾。6 月中旬再套养草鱼夏花 9 000 尾，鲤鱼夏花 3 000 尾，作为来年的鱼种。放养鱼种要保证质量，要求体质健壮，下塘前用 2%～3%的食盐水浸洗 5 min。早稻移栽前后，每公顷放入细绿萍、小叶萍等 750～1 500 kg，多品种放养，可以为鱼提供饲料。再次，水稻品种应选用分蘖力强、

生产性能好的品种。早稻每公顷插 36 万穴左右，保证基本苗 150 万～180 万株；晚稻每公顷插 28.5 万穴左右，保证基本苗 90 万株。最后，在田间管理上，应科学管水，要根据稻、鱼需要，适时调节水深。从移栽到分蘖，一般保持 6 cm 水深；从分蘖到孕穗拔节，一般逐渐将水深提高到 10 cm 左右。4—6 月每周换 1 次水，7—8 月每周换 2～3 次水，9 月每 5～10 d 换 1 次水，每次换水 1/4 左右。巧施肥，为确保鱼类安全，施肥要按照基肥重施农家肥、追肥巧施化肥的原则。鱼的饲料以萍为主，兼食田间杂草及水生动物等，并可适当补投一些精料。在大田插秧、施用化肥、农药及烤田时，应先将田水放浅，把鱼赶入沟塘中。注意鱼病和水稻病虫害的防治，尤其要注意在水稻病虫害防治时，不要对鱼产生毒害。

② 永久性稻鱼工程技术。首先，应开挖坑塘，加高加宽田埂。坑塘是鱼类栖息、生活和强化培育的主要场所，是稻田养鱼高产稳产的基础。可根据田块实际情况设置，一般设在靠近灌溉渠方向，以方便常年流水养殖；或设在周边，方便开挖土方，以缩短到田埂的运距。坑塘的面积应占大田面积的 10%～12%，深度要求 1.5～2 m，在此范围内越大越好，越深越佳。坑塘的形状有椭圆形、长方形、梯形等，以椭圆形流水为最畅，无死角。坑塘距离外田埂至少 1 m 以上，以防止田水渗漏。开挖坑塘的土方运至该田块的田埂四周，用以加高加宽田埂之用。其次，要浆砌塘壁，建造永久鱼凼。坑塘池壁固定材料选用砖或块石，浆砌材料选用水泥或石灰混合水泥，沙浆比例水泥：石灰：粗沙为1∶1∶8。基础应低于池底 15～20 cm。塘壁若采用石砌，横断面为梯形，上窄下宽，底宽 30 cm，上宽 25 cm，迎水坡度 1∶(0.2～0.3)，背水坡垂直；若采用砖砌则用 24 cm 直墙，同时每隔 1.5 m 加设一“T”形砖（石）柱，使其整体牢固。池壁粉刷厚度 0.2～0.3 cm，沙浆比例水泥：石灰：细沙为 1∶1∶7。待浆砌 48 h 后，将壁隙用土回填，并夯实。然后，就地取材，装设进排水管（槽）。进水管长度以从灌溉渠至伸进坑塘 0.8～1 m 为宜，直径因田块坑塘大小而异，选择 6～10 cm 的塑料水管或木水槽均可。在灌溉渠边设置一个简易小过滤池，用筛绢或纱窗做成一个可开口的方形网箱，再在网箱一边开设一个圆孔，直径与进水管相当，并用纱窗或筛绢缝制成管状绑套住进水管，以防止野杂鱼与敌害生物及虫卵顺水入池。排水槽设在坑塘与大田大鱼沟连接处，槽闸形状成“凹”字形，便于强化培育期间及农事时节屯养时加高水位之用，槽闸底与大田大鱼沟底平，一般低于田块 0.3～0.5 m，槽闸底用水泥沙浆抹面。养殖期间，一般用 2 块木板做闸门，将槽闸封牢，高度视养殖所需而灵活掌握。为了防洪及排田水，还应在大田另一端加设 1 个或数个排水口，并设置间距 0.2～0.3 cm的拱形拦鱼栅。最后，要因地制宜，植瓜果搭棚架。在坑塘的西北侧，按间隔2 m 的距离立一高 1.5～1.8 m 的竖桩，并在上面用木（竹）条搭成棚架。在西北空地上种植葡萄、猕猴桃或种植南瓜、冬瓜等藤类植物，不但在夏秋可以给鱼遮阴，还可获得较高的经济效益。坑塘边闲地及四周田埂可种植鱼草、田埂豆、薏米、蔬菜或其他经济作物。

③ 稻蟹共作技术。在水稻栽培技术上，养蟹稻田要适时早栽、早管，促进水稻早生快发，尽快达到收获基数，为早放蟹苗、促进稻蟹共生创造条件。首先，养蟹稻田应选择灌排方便、水质清新、地势平坦、保水性好、盐碱较轻、无污染的田块。在稻田平整后，距四周埝埂 1 m 处挖深 0.4 m、宽 1.0 m 的环沟，埝埂要坚实，高 0.5 m，顶宽 0.5 m，内坡最好用纱布护坡或埋农膜防逃，并选择叶片直立、茎秆粗壮、抗病抗倒的紧穗型水稻品种。在提早泡田整地的基础上，根据季节按期插（抛）秧，密度为 30 cm×13 cm 至 30 cm×17 cm，每隔 5 行空 1 行，其苗分栽于该行两侧。每公顷施农家肥 22 500 kg、过磷酸钙 600 kg 及 40%

的氮肥做基肥，其余氮肥要在水稻返青见蘖时及早追入。放蟹后，原则上不再追施化肥，必要时可追补少量的尿素，每公顷一次追肥不能超过 75 kg。养蟹稻田除草应选择残效期短、毒性低、以消灭挺水杂草（如稗草）为主的农药，药量宜小。如劳动力充足，可不用药，在放蟹苗前人工除稗 1 次，将超出水面杂草除掉，其余可做河蟹饵料。放蟹苗前，稻田主要采取浅水灌溉的方法，促进水稻分蘖。放蟹苗时，要排净稻田陈水，换一次新水。投苗后只能灌水，不能排干水，水层保持 10 cm 以上，经常换水。从泡田开始，稻田灌水需要加网袋以防蟹逃跑。其次，在河蟹放养技术上，采用工厂化育苗设施，育苗室为玻璃钢瓦或塑料膜大棚厂房，水泥培育池，池呈方形，面积 15～30 m^2，深 1.5～2.0 m，采用锅炉加温。亲蟹可以早春从河口海边收购天然抱卵蟹，也可以秋季收购淡水成熟蟹，进行人工交配促产。亲蟹经消毒处理后，雌雄分开，在室外土池淡水强化喂养一段时间。当水温达 12～14 ℃时，将雌雄亲蟹放在一起，注入海水，使盐度逐步提高，最后与纯海水相同，经过 7 d 左右交配产卵，即可获得抱卵蟹。在幼蟹放养技术上，蟹苗要在水稻田各项作业基本结束以后，才能放入稻田，一般从孵化蟹苗到水田作业结束需 20～30 d。水稻插秧后稻田中农药和化肥残效期过去之后，即可放苗。放苗时，先将暂养池内水排浅，然后将暂养池与稻田之间埝埂挖开，蟹苗就可逆水流进入田间。放苗前，稻田四周要围好防逃墙，消灭青蛙、野鱼、老鼠等敌害。幼蟹进入田间以后，如果田间无任何杂草，可投放绿萍等水草，并适量投喂豆饼、玉米饼等饵料。中后期以沉水植物、鲜嫩水草为主，必须满足供应。距水源较近处挖深 1.5～2.0 m 越冬池塘，每公顷可放苗 4 000～6 000 kg。水稻成熟以后，采取循环灌排水的办法网捕幼蟹（扣蟹），也可以在防逃墙角挖坑安装水桶抓捕，捕后分规格放入越冬池内存储越冬待销。注意蟹种选择，应选购规格较大、每千克 60～80 只、整齐一致、肢体健全、活力强壮的一龄性未成熟幼蟹，经药剂消毒后放入稻田。科学确定放养密度，粗养（不投饵）每公顷放苗 1 500～3 000 只，精养（投喂）每公顷放幼蟹 9 000～15 000 只。科学投喂饵料，以人工合成饵料为主，辅以绿萍和其他鲜嫩水草及杂鱼、虾等动物性饵料，必须供应充足。适当消毒补钙，在养殖期间，每隔半月沿田内环沟泼洒生石灰液，每公顷 30～45 kg。

（3）效益分析。稻渔模式可使稻谷增产，减少化肥和农药的使用，增加农民经济收入。

在生态效益方面，稻为鱼增氧、调温、供食，鱼为稻除草、杀虫、施肥，相互构建良好的生态互利关系。同时，该模式几乎不使用除草剂和杀虫剂，使垄稻沟鱼所产的稻米和鲜鱼中农药残留量大为减少。

在社会效益方面，该模式可以显著增加社会总养殖水面，从而增加社会鱼类蛋白总量。1 hm^2 垄稻沟鱼可产生有效养殖水面 0.4 hm^2，按每公顷平均产鱼 720 kg 计，共可产鱼 288 kg。还可以促使富余劳动力转化，增加农村富余劳动力转化总量，1 hm^2 垄稻沟鱼比常规种稻可多转化富余劳动力 150 个工日。

（三）以渔业为主体的生态养殖模式

以渔业养殖为主导，综合运用生态环境保护新技术以及资源节约高效利用技术，注重生产环境的改善和生物多样性的保护，实现农业经济活动的生态化转向。

1. 渔牧结合模式　渔牧结合模式是畜禽养殖与水产养殖的结合，主要有鱼、畜（猪、牛、羊等），鱼、禽（鸭、鸡、鹅等），鱼、畜、禽综合经营等类型。在池边或池塘附近建猪舍、牛房或鸭棚、鸡棚，饲养猪、奶牛（或肉用牛、役用牛）、鸭（鹅）、鸡等。利用畜、禽的废弃物——粪尿和残剩饲料作为鱼池的肥料和饵料，使养鱼和畜、禽饲养共同发展。在鱼、畜、禽结合中，有的还采取畜、禽粪尿的循环再利用，如将鸡粪做猪的饲料，再用猪粪养鱼，以节约养猪的精饲料，降低生产成本；或将鸡粪经过简单除臭、消毒处理，作为配合饲料成分，重复喂鸡（或喂鱼），鸡粪再喂猪。以鱼鸭结合为例，一般以每公顷水面载禽量1 500只，建棚225 m^2 为宜。每周将地面上的鸭粪清扫入池，每隔30～45 d更换一次鸭的活动场所。鸭粪与其他粪肥一样，入水后能促使浮游生物大量繁殖。一般农户规模为养鸭800～1 500只，养鱼0.5～1 hm^2。鱼鸭混养，每公顷多收鱼2 250 kg，产鸭1 000多只。在利用鱼、鸡、猪三者相结合时，一般每公顷鱼池配养2 250～3 000只鸡，45～60头猪。

2. 生态渔业模式

（1）鱼的分层放养。分层立体养鱼主要是利用鱼类的不同食性和栖息习性进行立体混养或套养。在水域中鱼类按食性分为上层鱼、中层鱼、下层鱼。鲢鱼、鳙鱼以浮游植物和浮游动物为食，栖息于水体的上层；草鱼、鳊鱼、鲂鱼主要吃草类，如浮萍、水草、陆草、蔬菜和菜叶等，居水体中层；鲤鱼、鲫鱼吃底栖动物和有机碎屑等杂物，耐低氧，居水体底层。通过这种混合养殖，可充分利用水体空间和饲料资源，充分发挥不同鱼类之间的互利作用，促进鱼类的生长。应用这种方法时应注意，在同一个水层一般只适宜选择一种鱼类。此外，池塘条件与混养密度、搭配比例和养鱼方式要相适应。

鱼的立体养殖一般可选1～2种鱼作为主要养殖对象，称“主体鱼”，放养比例较大；其他鱼种搭配放养，称“配养鱼”。根据当地自然经济条件、饲料、肥料、鱼种的来源和养殖目的等内容确定主体鱼的鱼种（表2-3）。

表2-3 福建省主要鱼类混养的搭配比例和鱼种的放养密度

地区	水质类型	混养搭配比例（%）					放养密度（尾/hm^2）		
		草鱼	鲢鱼	鳙鱼	鲤鱼	青鱼	肥水池	瘦水池	浅水池
福州	肥水	40	40	10	5～7	3～5	7 500～9 000	4 500～6 000	3 000～3 750
	瘦水	50	30	10	10				
闽南	肥水	15	50	25	10		4 500～6 000	3 000～3 750	2 250～3 000
	瘦水	25	50	20	5				
闽西	肥水	35	40	20	5		4 500～5 250	2 250～3 750	1 800～2 250
	瘦水	50	25	20	5				
闽北	肥水	50	30	10	5	5	3 750～4 500	2 250～3 750	1 800～2 250
	瘦水	60	20	15	5				

注：1. 肥水指水的透明度在25～35 cm，瘦水是指水的透明度在35 cm以上。

2. 肥水池、瘦水池水深为1.5～1.8 m，浅水池水深为0.8～1 m。

（2）鱼的轮养、混养。珠江三角洲地区的鱼类养殖，多采用分级轮养和混养相结合，以适应在大面积养殖中，能及时有充足的鱼类上市。采用“一次放足，分期捕捞，捕大留小”，或是“多次放养，分期捕捞，捕大补小”。轮养与混养大体有3种类型：①春季一次放足大小不同规格的鱼种，然后分期分批捕捞，使鱼塘保持合理的储存量。这种形式的养殖主要是草鱼和青鱼。②同一规格的鱼种，多次放养，多次收获，使鱼塘的捕出和放入鱼种尾数基本平衡。这种形式适用于放养规格大、养殖周期短的鳙鱼、鲢鱼（每年轮捕轮放3～5次）。③同一规格的鱼种，春季放完，到冬季干塘时才收获一次，但由于饲养过程个体生长参差不齐，部分可以提早上市，因而该部分可以多次收获，这种形式以鲤鱼、鳊鱼、鲫鱼等为主要对象。

（3）鱼蚌混养。在传统水产养殖的基础上，利用水质良好的中等肥度鱼塘、河沟或水库，吊养（或笼养）三角帆蚌，在不影响鱼类生长活动的前提下，增加珍珠的收入。一般鱼塘结合育珠，平均每公顷一年可收珠7.5～15 kg，净收入13 500～22 500元，苏、浙、鄂、皖一带鱼蚌混养育珠，收入相当可观。山东聊城市水产局进行鱼蚌混养，在同一水域不同水层放养草鱼、鲢鱼、鳙鱼、鲤鱼等鱼种，在上层水层吊养接种珍珠后的皱纹冠蚌，合理搭配杂食性鱼与滤食性鱼。

（4）鱼鳗混养。选择池底结实、堤坝较高、防洪设施较好的鱼塘，在养殖鲢鱼、草鱼、罗非鱼、青鱼的同时混养河鳗，单产可提高5.3%，产值增长约40%，商品鱼规格率高，质量较好。

（5）水生植物-鱼围养人工复合生态系统。传统的水面网围养鱼，由于采取高密度放养和大量投饲外源性饵料，鱼类的排泄物和残饵大量增加，造成了资源的浪费和水质的污染。在养鱼区外围布设一定宽度的水生植物种植区，种植既能为鱼类提供优质饵料又能净化水质的水生植物（如伊乐藻）。这样养鱼区所产生的N、P等有机物随水流通过水生植物种植区时，为伊乐藻等水生植物所吸收和同化，然后将收割的水生植物作为饵料再投入养鱼区，如此循环往复，从而建立起水体中的营养物质（鱼类排泄物和残饵中的N、P经微生物分解和转化）-伊乐藻等水生植物（吸收和利用）-鱼类（采食饵料）的生态模式，以达到良性循环。

（6）愚公湖（洪湖-子湖）生态渔业模式。愚公湖位于洪湖东南角，面积约133 hm^2，形状近似梯形。1976年建堤，曾两次用于养鱼，以后均因调蓄洪水时被淹没而失败，最后被迫放弃。残留土堤的堤面高程平均23.8 m，湖底最低高程22.8 m，平均23.2 m。冬、春季节最低水位时，平均水深仅0.5 m。

愚公湖的拦网养鱼模式属于湖湾拦网养殖类型，即筑土堤以蓄水，布网以拦鱼。它是在人工控制下，按照生态学原则，进行半开放式的渔业生产。由于子湖水体与大湖水体相通，采用拦网养鱼方式，可以保证子湖在高水位时能分流蓄洪，在低水位时能照常养鱼。

首先是合理控制草食性鱼类的放养密度。愚公湖水草茂盛，水体理化条件良好，加上洪湖大湖面水草资源丰富，能够向愚公湖提供大量的青饲料，因而愚公湖适宜于主养草鱼和少量的团头鲂等草食性鱼类。实践表明，既要保持湖泊良好的生态环境，又要能获得良好和持续稳定的经济效益，就必须合理地控制和及时调整草食性鱼类放养密度。

其次是确定放养鱼类的种群结构。根据几年的试验和测算，每2～2.5尾草鱼排出的粪便所转化的浮游生物量，可供给1尾滤食性鱼生长所需，从而推算出，草鱼与滤食性鱼的放养比例约为70∶30或2.3∶1。这样，既能充分发挥生态效益，又能降低生产成本。

在采用拦网养鱼以前，愚公湖水草丛生，一片荒凉，是荒废多年的沼泽地。采用拦网养鱼后，水草急剧减少，水体N、P含量均未超过富营养标准，水质也明显好于附近的金潭湖和精养鱼池。

案例

生态循环养殖："养"出舌尖上的美味

在海南永基畜牧股份有限公司（以下简称海南永基）的带动下，海南省文昌市大顶村的农民采取生态循环养殖的模式"养"出的文昌鸡，成了备受市场欢迎的"香饽饽"，每千克售价高达36元，大顶村农民的腰包也因此鼓了起来，每年户均纯收入少的有5万多元，多的高达40多万元。

这是作为国家级农业龙头企业——海南永基联结农户，采用回归传统历史养殖模式——生态循环养殖，促农增收的生动缩影。

"品质生活从绿色生态开始。"海南永基总经理说，"我们采取生态循环养殖模式，租用农民的土地统一规划、统一管理经营，种植稻谷、甘薯、花生、玉米作为文昌鸡的饲料，而产出的鸡粪又成为这些作物的农家肥，即种植稻谷（甘薯、花生）—稻谷（甘薯、花生）养鸡—鸡粪还田的生态循环养殖，努力还原20世纪80年代正宗文昌鸡味道，把文昌鸡当作高端精品来卖。"

因生态循环养殖而引来四方财。自此，海南永基文昌鸡开始展翅高飞，走向全国，冲出国门，成为人们"舌尖上的美味"。

生态循环养殖：打造原生态品牌

民以食为天，食以安为先。近年来，关注环境质量、重视生态可持续，被提到前所未有的高度。而在广大农村，由畜禽养殖带来的污染问题，成为制约农村经济健康发展、农村生态环境可持续的关键因素，备受社会的广泛关注。

而生态循环养殖方式，符合了人们对绿色、有机、生态、健康食品的市场需求。所谓生态循环养殖，是指遵循生态学和经济学原理及其发展规律，按照"减量化、再利用、再循环"的原则，利用动植物生物学特性，特别是动物之间的食物链关系，实现动植物生产过程中物质和能量循环利用的一种新型经济发展模式，即"资源—产品—消费—再生资源—再生产品"的物质循环流动。生态循环养殖，能实现养殖业零污染零排放，让有限的资源得到最大限度的利用，有利于减少企业成本，生产出高品质绿色食品，实现生态效益、经济效益和社会效益的共赢。

海南自然资源禀赋独特，生态环境优良，42.5%的热带土地，61.5%的森林覆盖率，99.1%的空气优良天数，适宜农作物生长的季节长，一年可多熟，四季皆可耕种，素有"天然大温室、生态大氧吧、健康岛"之美誉。怎样才能把这笔"巨额财富"转化成持续的"生产力"呢？海南永基用实际行动做出了回答：发展生态养鸡，把生态优势化为生态资本。

为此，海南永基提出了"原生态·健康鸡"理念，打出了"原生态物种、生态循环养殖"的牌子，让海南永基文昌鸡回归"土"味，让消费者吃出健康来。

打出原生态物种牌。原生态物种，即充分发挥当地物种资源的优势，打出特色牌。海南永基出产的文昌鸡使用的是来自原产地海南文昌谭牛地区的优质鸡种，此鸡历史悠久，被列入国家地理标志保护产品，含有多种人体所需的微量元素，营养价值高。

打出生态循环养殖牌。海南永基利用独特纯洁的优美生态环境，采用回归传统、回归自然的养殖方式，放养120 d，笼养60 d。放养原则是将文昌鸡置于山林、槟榔园、灌木丛、果园等，自由觅食富硒土壤上孕育的谷物、青草、昆虫等，饮山间清泉甘露，享受着天然氧吧和日光浴。笼养则是租用农民土地自己种植甘薯、玉米、花生、稻谷喂养，稻谷一年可生产2～3造，甘薯一般3个月收获，花生每年收获一次，养鸡的原料来源丰富、绿色、生态、安全，不用任何添加剂等化学物质，以种养结合、资源再生的方式让纯种土鸡回归自然，确保文昌鸡原汁原味。

“臭味没了，有机肥的用途更广了。如今，鸡场里的粪便被农户用来施肥，为我们发展生态农业提供了空间。”文昌市大顶村的农民黄洪胜说。

由于采用原生态、绿色的养殖方式，往日无人问津的“土”货，现在在市场上备受消费者青睐。文昌鸡36元/kg，生态什玲鸡42元/kg……循着这股浓浓的带有广泛市场前景的“土”味，海南永基生产的文昌鸡、什玲鸡等成功进入了广东、上海、北京、四川等省、直辖市的高端市场以及海南省内各大批发市场。2010年，文昌鸡更是销往东南亚，实现了历史性突破。2014年，海南永基出栏文昌鸡300万只，销售额突破1.6亿元。

“公司＋合作社＋农户”的模式：让农民腰包“鼓”起来

在新常态下，如何创新农企利益联结的紧密链条？海南永基探索的“公司＋合作社＋农户”的永基模式，架起了一座企业与农户的致富桥梁。

农业产业化企业姓农，如何带动更多农户致富呢？一方面，农民拥有两块资源，一块是劳动力资源，另一块是土地资源；另一方面，企业也拥有两块资源，一块是资金管理，另一块是技术和市场。如何整合资源，实现“2＋2＞4”的效益？为此，海南永基进行了有益的探索，不断完善与农户的利益联结机制，实现双方共赢。

在文昌市大顶村，海南永基将9个自然村的农民联合起来，将大顶村农民的土地统一规划、统一管理经营，采取“五统一”模式，即统一农家肥、统一提供鸡苗、统一技术、统一加工、统一品牌销售，带动他们种植稻谷、甘薯、花生等用于养鸡增收。农民以“劳动力＋土地”入股，土地按市场价出租，再加劳动力收入和30%的分红，实现共赢。2014年，大顶村的农民户均收入少的5万多元，多的达40多万元。

如今，文昌鸡、什玲鸡、屯昌阉鸡、白沙土鸡、定安富硒鸡……一系列“原生态”名片让海南永基名声大振。公司累计组织农民成立了39家农民养殖专业合作社和全省首家农民专业合作联合社——海南永鸿什玲鸡专业联合社，在文昌、海口、保亭、屯昌、白沙、定安等市县建立了23个养殖基地，年出栏鸡1 300万只，年销售额2亿多元，累计带动全省10万农民养鸡增收。

纵横正有凌云笔，扬帆奋进正当时。海南永基以“自然的环境、生态的理念、传统的方式、健康的品质”为目标，采取生态循环养殖方式致力打造“舌尖上的美味”，让“原生态”养鸡产业的无穷魅力，在琼岛这片热土上绽放。

第四节　生态旅游农业模式

一、生态旅游农业的概念与特点

（一）生态旅游农业的概念

生态旅游农业是以农业生产为依托，农业与自然景观、人文景观以及现代旅游业相结合的一种高效产业。生态旅游农业具有狭义和广义之分。狭义的生态旅游农业仅指用来满足旅游者观光需求的农业；广义的生态旅游农业涵盖“观光旅游农业”“休闲旅游农业”“乡村旅游”“农村生态旅游”等不同概念，具体是指在充分利用现有农村空间、农业自然资源和农村人文资源的基础上，通过以旅游内涵为主题的规划、设计与施工，把农业建设、科学管理、农艺展示、农产品加工与旅游者的广泛参与融为一体，是旅游者充分体验现代农业与生态农业相结合的新型旅游产业。

生态旅游农业以保护自然生态环境为基础，以农业旅游资源开发为重点，既是一种新型农业生产经营形式，也是一种新型旅游活动项目，是在发展农业生产的基础上有机地附加了生态旅游观光功能的交叉性产业。生态旅游农业最早兴起于世界旅游业发达的欧美国家，包括美国、法国、英国等国家和地区。20 世纪 70—80 年代，日本、韩国、新加坡和中国台湾陆续成为生态旅游农业的开发热点国家和地区。我国生态旅游农业发展于 20 世纪 90 年代，1998 年国家旅游局推出的“华夏城乡游”旅游年主题活动，拉开了农村旅游发展的序幕。2009 年“中国生态旅游年”主题活动倡导“走进绿色旅游，感受生态文明”的新思路。2016 年，国家发展改革委、国家旅游局组织编制完成了《全国生态旅游发展规划（2016—2025 年）》，对于全国生态旅游的发展具有指导性作用。这些举措有力地助推了农村旅游的发展，相继出现了农家乐、度假村、野营地、休闲农村、生态农业观光园、教育农园、民俗文化村、乡村俱乐部等多种形式的农业生态旅游形式。

当前我国经济快速持续发展，人民物质生活水平不断提升，绿色环保理念深入人心，生态旅游农业的兴起唤起了人们返璞归真、回归田园生活的迫切需求。

（二）生态旅游农业的特点

生态旅游农业将农业生产与应用、艺术加工和游客参与农事活动有机地融为一体，形成了良好的生态、经济、社会效益，既具有生态性、生产性、商品性、观赏娱乐性、参与性和教育性等多种功能，又能保持农业可持续发展的特性。

1. 注重环保，减少污染　我国农业在发展过程中带来了一系列的环境问题，如水土流失、土地沙漠化、土壤污染严重、资源大量消耗等，这些问题严重制约了我国的发展。人们越来越认识到环境对于人类的重要性，资源是有限的，环境是不可再生的。生态旅游农业的核心是保护环境，减少农业生产过程中农药和化肥的使用，降低农业生产中水资源的消耗，改变高消耗换高产出的生产模式。

生态旅游农业的发展促使农民采用先进的生产技术和耕作方式，有利于防止土壤退化和水土流失，保留和保护了大量的农业土地，而农田及其中的树篱以及田界地块能够为野生动植物提供生息繁衍之处，事实证明世界上很多重要的野生动物都以生态旅游农业区为主要栖息地，生物多样性在这里得以充分体现，植被覆盖率也明显高于一般农区，同时生物能源原料的应用率也明显增加。生态旅游农业的建设严格按照生态农业的要求进行生产，只允许在残留有害物质规定标准范围内适量使用化肥、农药，其产品为安全、营养的无公害、绿色或有机食品，大大减少了对环境的污染。在发挥生态功能的基础上，生态旅游农业正确调整了农业生产中人与自然的关系，促使农业生产走上一条“高新技术、高附加值、高效益”的人与自然和谐发展的现代化农业道路。

2. 功能齐全，多重效益　生态旅游农业为旅游者提供了一定的自然休闲空间，旅游者在旅游景区内观光、休闲、娱乐、品尝美食，甚至亲自劳作，既增长知识，又陶冶情操。旅游景区内还可举办节日庆典活动，加强游客之间的情感交流，增进友谊，促进信息传播。企业和农民则通过销售产品、提供食宿等服务增加收入。

与传统农业和传统旅游业相比，生态旅游农业以农业景观、绿色农产品为资源优势吸引游客。在旅游景区建立绿色农产品基地，采用高科技种植农作物，既有利于农业技术的推广和应用，又能为游客提供绿色食品。旅游与生态农业相结合，二者之间相辅相成、相互促进，实现生态效益、社会效益和经济效益的统一。

3. 回归自然，身心享受　农业与旅游业的结合不是简单的转换，而是把农业中（种植业、养殖业、林业、牧业、渔业等）具有旅游功能的资源进行整合、发掘和利用，使其充分满足人们回归自然、返璞归真的个性化需求。

随着经济的快速发展，人们的物质生活水平明显提高，但工作和生活的节奏也明显加快，从而导致了精神的紧张和焦虑，加之城市的污染加重，越来越多的城市居民向往大自然中的恬静生活，生态旅游农业的开发正好切合了城市居民的这一需求。生态旅游农业用生态学、美学和经济学理论来指导农业生产，通过合理规划布局，自然调节和人工调节相协调，使农业生态系统进入良性循环，形成生产、加工、销售、疗养、旅游娱乐等综合功能，让旅游者身心愉悦，幸福感倍增。

4. 科技特色，高效农业　生态旅游农业引导农民采用国内外先进的农业生产技术，提高了农业生产的科技含量。在一些大型观光农业科技园区，大片土地通过平整与规划，采用先进农业技术进行开发，由专业人员进行科学管理，形成具有相当规模、各具特色的农业整体，不论在优质品种、栽培管理技术还是在农业生产工艺、景观外形外貌等方面都是技高一筹，是一般大田农业区无法比拟的。游客在这样的环境中游览，不仅赏心悦目，还能学到科技知识，产生深刻印象。

在农业生产的基础上发展旅游业，能有效地降低土地的集约化程度，提高单位土地的收益，增加农民收入，提高农业的经济效益。生态旅游农业具有高科技特色，是“三高”农业的具体体现，不仅可以提高农产品的价值，还可以促使环境以及农村的民俗文化等以前无法转化成商品的无形产品转化成旅游经济收入，大大提高农业经济效益，从宏观上实现农业景观的合理配置。

5. 带动行业，优化结构　我国农业目前依然以种植业为主，农村第三产业比例较小，农业经济效益较低。生态旅游农业被认为是全球性的“朝阳产业”，有利于推动经济技术的合作与交流，引进资金、技术、人才，可以带动农村商业、服务业、交通运输业、加工业、建筑业等相关产业的发展，优化农村产业结构调整，促使农村第三产业发展，从而促进农业实现量的增长与质的飞跃。

通过带动第三产业的发展，生态旅游农业创造了更多的就业岗位，每增加一个直接就业岗位，将产生另外五个相关的就业岗位，能够有效地缓解我国发展过程中出现的农村劳动力就业问题，还可促进农村和城市之间信息的流通，实现财富由城市向农村的转移，带动相关的基础设施建设，改善农村人口的医疗卫生条件，优化社会养老和社会救济政策，有利于提高农民的幸福指数，使当地农民从中受益。

二、生态旅游农业的主要模式

生态旅游农业把农业、生态和旅游业结合起来，利用田园景观、农业生产活动、农村生态环境和农业生态经营模式，吸引游客前来观赏、品尝、体验、健身、科学考察、环保教育、度假、购物等。自生态旅游农业兴起以来，有学者根据生态旅游农业的资源特点及其开展的旅游活动将生态旅游农业模式分为农家乐模式、农村农园观光采摘与购物休闲模式、农村农庄休闲度假模式、农村田园租赁模式、民俗村模式、农村俱乐部模式等。本教材根据资源类别将生态旅游农业划分为农业资源占优势的产业带动模式、自然资源占优势的观光模式和人文资源占优势的文化传播模式三种类型。

（一）农业资源占优势的产业带动模式

1. 概述 农业资源占优势的产业带动模式是一种观赏、学习与参与三者结合的生态旅游农业模式，以特色农产品为资源优势吸引游客，在旅游景区建立绿色农产品基地，利用科技种植农作物，既有利于农业技术的推广和应用，又能为游客提供绿色食品。该模式主要针对拥有名特优产品的生态农业区，可以农产品为核心，围绕某一种或几种特色农产品进行主题辐射式发展，也就是在一个乡镇或村的范围内，依据地区独特的优势，围绕特色的生态农产品或产业链，实行专业化生产经营，通过“一村一业”的发展壮大来带动乡村综合发展。

农业资源占优势的产业带动模式的推广与应用需满足三个基本条件：①具有生产某种特色生态农产品的历史传统和自然条件；②具有相应的产业带动，市场需求旺盛；③需要带动者通过产业群形成一定的规模。如要把以某果园为主题的生态旅游农业推向市场，可以果品为核心，关联带动果园的观光休闲、科技园区果树培育种植的科技学习、农家的果品品尝、工厂的加工包装参观等果品旅游消费，这样不仅可以打通果品销售的环节，也盘活了所有资源和资产，带动了当地农副产业的快速发展。桂林永福县的罗汉果就是借用其“罗汉果之乡”的美名，打造了一条“三高”生态农业与旅游联动的产业发展之路。恭城瑶族自治县把生态农业的发展与旅游开发结合起来，通过抓沼气建设来解决农村能源问题，通过科学探索找到了沼气与养殖、种植的内在联系，最终建成了“三位一体”的生态农业示范区，较好地解决了经济和环境保护的问题，对广大农村特别是西部农村的可持续发展具有借鉴意义，并吸引了广大游客和科技爱好者的观光考察学习，成为“发展中国家生态经济发展的典范”，充分挖掘出了生态农业的观赏性、学术性、参与性，也属于一种农业资源占优势的产业带动模式。

2. 展开分析　在发展生态旅游农业的过程中，只有充分挖掘地方特色资源，才能打造出具有地域特色的生态旅游农业，农业区域品牌属于地方特色资源之一。农业区域品牌是指在一个具有特定的自然环境、人文历史或生产加工历史的区域内，由相关组织注册和管理的农产品品牌，是一个区域内的“金名片”。

以湖南为例，湖南挖掘的农业品牌有很多，其中地理标志登记的农产品有40多个，许多是大家耳熟能详的农业区域特色品牌农产品，如安化黑茶、古丈毛尖、保靖黄金茶、黔阳冰糖橙、炎陵黄桃、江永香柚、江永夏橙、华容芥菜、沅江芦笋、新晃黄牛、宁乡花猪、汉寿甲鱼、靖州杨梅、道县脐橙、湘潭湘莲、湘西黄牛与马头羊、浏阳黑山羊、武冈铜鹅、临武鸭、衡阳三黄鸡、桃源凤凰鸡等。安化黑茶这一区域品牌是安化最响亮的名片，利用这一农业品牌打造出了许多特色鲜明的休闲农业园。如安化县云上茶旅文化园，位于安化县马路镇云台山，最高海拔998.17 m，终年云雾缭绕，山顶有处9 km^2 的精美盆地，素有“高山之台”和“高山上的平原”的美称，云台山上的大叶茶，叶肉肥厚，富有光泽，茶树长在怪石之中，花果同生。云上茶旅文化园把发展有机茶叶与生态旅游业结合，建成了集茶文化、梅山文化、宗教文化、红色文化于一体的茶主题园区（图2-6）。宁乡花猪是中国四大名猪之一，也是宁乡唯一的国家地理标志产品，走进地处宁乡的湖南湘都生态农业园，有休闲观光、运动健身、水上娱乐、农事体验、农耕文化、亲子娱乐等系列乡村旅游项目，最吸引人的是小花猪游乐园。湖南湘都生态农业园就是紧紧围绕宁乡花猪这一著名农业区域品牌做文章，建设花猪养殖场、花猪游乐园等，迅速发展成为具有宁乡地域特色的“省五星级休闲农庄”“长沙市农业产业化龙头企业”“长沙市现代示范农庄”。江永县因盛产香柚、香芋、香姜、香米等富硒香型农特产品，先后享有“中国香柚之乡”“中国香芋之乡”等美誉，近年来广泛种植的又一独具地域特色的农产品——夏橙，不仅营养味美，而且形成花果同树、果果同树的独特景观引来了众多消费者（图2-7）。2014年湖南省江永县夏橙种植面积约2 500 hm^2，总产量约3.5万t，还可出口创汇，年销售收入达到3亿元以上，成为全国最大的夏橙产区。湘潭县的龙凤庄园、湘之坊农庄借助湘莲这一区域品牌，发展生态旅游，自营湘莲基地20多 hm^2，带动周边湘莲种植面积近133 hm^2，以自然风光和湘莲基地为依托，举办“赏荷之旅”等节会活动。“东风有意催人奋，龙虾十足行天下”，围绕农业供给侧结构性改革，南县创建稻虾产业特色品牌，建成一批以南县小龙虾为主题的特色休闲农业、休闲渔业产业园，打造“南县洞庭虾世界”。

图2-6　安化黑茶茶园

图2-7　江永县夏橙园

3. 努力方向 农业资源占优势的生态旅游农业在今后的发展中需从以下三个方面努力：首先，应更加注重农业新技术的引进和推广力度，全面改造传统种养技术，发展更完善的生态农业，在大力扶持和发展旅游的同时一定不能脱离了农业这一根基；其次，应该充分挖掘生态农业的观赏性、学习性、参与性，让现有生态农业资源的利用价值最大化；最后，应从旅游开发的角度发展未来的生态农业，使传统经济型农业向现代旅游型生态农业转变，游览区内的农业科技示范园、生态农业示范园、科学普及示范园应该以浓缩的典型农业模式，展示农业发展的历史与现实，展示特色农业生产景观与经营模式，让游客了解足够系统的、先进的农业生产知识，使游客与当地农业文化之间建立起一种情感联系。

案　例

台湾生态农庄——魔菇部落

在台湾的台中市彰化县，有一个农庄取名魔菇部落（图2-8），农庄只有2 hm^2 多土地，但农庄的年收益却实现了1亿新台币，相当于人民币2 000多万元。农庄成功的经验就是围绕蘑菇这一主题，创意设计了许多丰富的蘑菇体验活动，以蘑菇为基础，实现一二三产业融合发展，把蘑菇产品的经营做长做精，取得了骄人的成绩。

这种将农庄名字品牌和定位集于一体的方式，非常容易让游客接受，易于传播。魔菇部落农庄让游客来这里一边游玩放松，一边体验蘑菇的生产过程，还能学习到相关的知识。农庄的一半土地用于蘑菇种植生产，由于采用先进的设施农业生产工艺技术，每天仅杏鲍菇一个品种就能向台北市提供2 t产品；另一半土地则用于休闲，主要围绕蘑菇主题做文章，设计蘑菇菜馆、蘑菇观赏、蘑菇俱乐部、蘑菇商场、蘑菇DIY等一系列具有创意特色的内容来支撑主题。

团体接待是魔菇部落农庄的主要客流，农庄会主动和幼儿园、中小学及各级企事业单位对接，邀请他们前来体验。和大部分农庄不同的是，团体来游玩，所有参观活动都是免费的，农庄赢利主要靠餐饮、DIY体验活动收费和蘑菇系列产品的销售。农庄设计了蘑菇生产参观与蘑菇制作DIY体验活动，第一项就是到农庄的蘑菇生产厂房参观（图2-9），在农庄导游的带领下，参观各种蘑菇的生产，了解蘑菇的相关知识；第二项内容是工作人员教大家如何制作蘑菇菌种；第三项内容是等全副武装之后，农庄导游带领大家到蘑菇生产车间，现场给大家讲解蘑菇的制作与生产过程。无论是头套，还是脚套，甚至是每位游客走进生产车间的消毒过程都说明了农庄生产蘑菇的严谨性，这对于强化品牌印记有着重要价值。很多来参观、体验的游客，都会选择现场购买蘑菇产品。农庄蘑菇卖场的产品有鲜蘑菇、干蘑菇、蘑菇饮料、蘑菇糕点、蘑菇饼干，还有塑料、木材、布料等不同材质的蘑菇玩具、蘑菇卡通片等，整个卖场蘑菇产品应有尽有。据农庄介绍，经过蘑菇参观、美食品尝、制作体验后，平均有将近50%的人会购买蘑菇产品。魔菇部落农庄还有自己的代理商和微商渠道，而农庄自身就是这些渠道商的体验参观基地，他们会时常带领自己的顾客来这里进行体验，从而加固对品牌的印象。

魔菇部落农庄到处可见蘑菇卡通玩偶，如蘑菇火车、蘑菇伞、蘑菇照相机等，甚至于农庄草坪也被设计成了蘑菇式样，这些简单的设计成蘑菇形象的娱乐设施，让游客不亦乐乎，尤其成为小朋友的最爱，于是亲子活动和团体接待成为魔菇部落的主要客流。农庄通过场景来承载产品的体验，提高了产品的附加值，走上了一条品牌发展之路。借助于农业品牌，打造特色休闲农庄，休闲农业的道路会越走越宽阔。

图 2－8　台湾魔菇部落农庄

图 2－9　蘑菇生产参观房

（二）自然资源占优势的观光模式

1. 概述　自然资源占优势的观光模式是一种将观光与体验相结合的生态旅游农业模式。我国幅员辽阔，南方有珍树奇木，北方有林海雪原，东部有沿海村落，西部有草原风情，这些各具特色的自然资源为开展生态旅游农业提供了条件。该模式是针对拥有一定的农业资源，但特色不够鲜明、规模也存在着差距的地方，如果拥有较好的自然旅游资源禀赋，如清新的自然山水、美丽的田园风光、整洁舒适的乡村居住环境等，就可以通过观光游的模式将旅游作为创造更高社会效益和经济效益的途径。

2. 展开分析　桂林阳朔是我国发展生态旅游农业最早的县之一，“桂林山水甲天下，阳朔堪称甲桂林。群峰倒影山浮水，无水无山不入神”，精辟地概括了阳朔自然风光的特征（图 2－10）。依托阳朔及周边各镇的自然田园风光，生态旅游农业可满足游客回归自然、返璞归真的需求。如历村、福利古镇、兴坪渔村等，都可以满足体验型游客的要求，“住农家屋，吃农家饭，干农家活，享农家乐”，体验农事活动，组织游客与农民一同采摘品尝，参与四季农事活动，进行农家访问，考察生态农业、生态村等活动。在许多城市郊区交通便利的地带，出现了许多集观光与高科技农业为一体的果园、蔬菜园、花卉园等，可供农业观光、农耕活动、农业科技展示等，许多城市居民利用节假日进入园内进行采摘、观赏活动，或者租用园内的部分土地，利用周末进行劳作，平时请人代为看管。游客对于旅游的兴趣不再局限于景区的观赏，而是更多地滋生了对旅游景区内农作物的种植和采摘兴趣，以体验并追求旅游愉悦为目标。这种方式既可以让城市居民短暂地离开闹市，享受安静的自然风光和田园生活，又可以获得安全放心的生态农产品，满足身心享受和物质享受的双层需求，而经营者所获得的经济效益也能成倍增长。

图 2-10　桂林阳朔

3. 努力方向　自然资源占优势的观光模式充分体现了观赏性与体验性相结合的特征，为人们展现了非同寻常、形式多样的活动项目，体验与传统旅游不同的经历，使旅游者获得了新的视觉感受和体验感受，提高了旅游质量，激发人们热爱劳动、热爱生活、热爱自然的兴趣。

发展自然资源占优势的观光模式需从以下三个方面努力：首先，游览区内的农田果园、花卉苗圃、动物饲养场应精心包装，让游客找到回归乡村的真实感受，在优美的田园风光和勃发的自然生机中享受回归自然的快感；其次，游览区内需有可供采摘的直销果园、农产品集市等，让游客既有机会购买乡村旅游产品，又可充分体验收获的愉悦；最后，当地乡村的特色民居、乡村工艺作坊、乡村农事活动场所应为游客提供能够深入乡村生活的空间，使游客参与农耕活动、学习农作物的种植技术、农机具的使用技术、农产品加工技术以及农业经营管理等，亲身体验农产品生产过程。

案　例

九渡河镇杏树台生态村

生态村是运用生态经济学原理和系统工程的方法，从当地自然环境和资源条件实际出发，按生态规律进行生态农业的总体设计，合理安排农林牧渔及工、商、服务等各业的比例，促进社会、经济、环境效益协调发展而建设和形成的一种具有高产、优质、低耗，结构合理，综合效益最佳的村级社会。北京市怀柔区九渡河镇杏树台村（图 2-11），为实现传统农业向现代化农业的转变，探索一条具有中国特色的生态农业道路，开展了生态村的规划和建设研究，走出了一条生态旅游农业道路。

图 2-11　九渡河镇杏树台生态村

杏树台村位于黄花城长城脚下，东连渤海镇，北邻延庆县四海镇，安四路穿村而过。该村属于浅山水源保护区，水资源比较丰富，且水质优良无污染，林木覆盖率85%，山多地少，现有植被主要为次生植被类型。杏树台村地处群山环抱、清泉绕流的环境中，极具幽静美丽的山野风光，属华北经燕山山脉向内蒙古高原过渡的阶梯地带，村民居住地平均海拔987 m，为九渡河镇海拔最高的村，村四周呈阶梯状上升。

杏树台村被评为北京市市级民俗村，日接待游客量达600余人次。自2001年杏树台村开展民俗旅游以来，规模不断扩大，档次逐年提高。这里不仅有传统的农家火炕，还有现代的床具等室内设施，周边有水长城、明代板栗园、龙凤松、麟龙山、鹞子峪古城堡、庙上红色旅游基地、凤凰驼、延寿山、大佛山风景区等特色景点，及慧生绿色采摘园和北京水榭城海农业观光园等生态采摘园和观光园。九渡河镇盛产板栗、核桃、苹果、大桃、大杏、大扁杏仁、山核桃、栗蘑、榛蘑、松树蘑等，杏树台村尤以生产大杏、大扁杏仁出名。杏树台村以绿色、保健、易推广为原则，选用本地特产——杏仁为主配料做成杏仁葫芦、杏仁什锦、杏仁藕片等特色菜肴，形成色、香、味俱全的杏仁宴。每年春季四五月，杏树台村举办杏花节，包括赏杏花、品尝杏仁宴、农副产品及手工艺品展销、摄影写生、篝火晚会等丰富多彩的旅游活动。游客不仅可以欣赏自然美景，而且能够充分体验农村风情、参与农事活动和采摘活动，乐在其中。

(三) 人文资源占优势的文化传播模式

1. 概述 农业资源和自然资源特色方面均不占优势的农业地区，可以发展一条观赏与学习相结合的人文资源占优势的文化传播模式。生态旅游农业有利于传承和发扬中国传统文化中的乡村文化，展现民族民俗文化特色，使生态旅游农业的品牌得以延续。

生态旅游农业既包含自然景观，又包含在人类活动参与下形成的文化景观，如种植文化、饮食文化、建筑文化、服饰文化、宗教文化等。中国几千年的发展史，也是一部农业发展史，在这个过程中留下了大量珍贵的文化传统。农村特定的民俗风情包括衣着、饮食、节庆、礼仪、婚恋、喜好、禁忌、歌舞、雕塑、民居、祠堂、园林等，都是重要的旅游资源，对城镇居民有着强烈的吸引力。针对城市环境的不断恶化，许多城市开启了构建“田园城市”（兼有城市和乡村优点的理想城市）的步伐。这种城乡融合的城市设计理念能够使乡村文化慢慢渗透到城市中，为乡村文化在城市的复兴奠定坚实的基础。将“山、水、田、林、城”融为一体，有助于形成现代城市与现代农村和谐相融、乡村文化与城市文明交相辉映的新型城乡形态。

2. 展开分析 广西桂北地区，人们通过挖掘桂北悠久的农业文化、古代中原文化与岭南文化的交融历史、乡镇“社日”壮族歌圩、瑶族盘王节（图2-12）等民族活动，将本地区的人文资源和旅游做最优的结合，让游客有机会参与乡村特色文化欣赏活动，体验民俗乡情，获得丰富多彩的旅游体验和精神享受。湖南湘西地区通道县的皇都侗文化村，是集民俗文化、游览、休闲、度假为一体的综合型旅游度假区，侗家人特别热情好客，让客人喝上一杯“拦门酒”、吃上一顿“合龙宴”（图2-13）是他们表示欢迎和友谊的传统习俗。夜幕降临，鼓楼里铿锵的琵琶，寨巷里悠悠的侗笛，吊脚楼里动听的侗族歌声，重阳楼里引人入胜的故事，构成一幅侗族文化的生动画面，令人陶醉，使人流连忘返，这些独特的民俗文化能够激发旅游者的兴趣，触动他们的心灵，使他们感受不一样的风土人情。除此之外，黄陂的大余湾、锦里沟土家风情园、清凉寨等一些古村镇近年也成为非常热门的生态旅游地区。

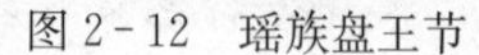

图 2-12　瑶族盘王节

图 2-13　皇都侗文化村“合龙宴”

3. 努力方向　文化资源是在历史发展过程中创造和积累的，是与众不同的资源，对文化资源的了解和欣赏是旅游者的最终归结点。人文资源占优势的文化传播模式的发展需从以下两个方面努力：首先，应从和谐、共生的观念出发，树立乡村文化保护的观念，尽可能地保留文化遗产，保持乡村特色文化，提升生态旅游的品位，防止乡村文化的流失或异化；其次，要求人们认同当地文化充满差异的地域性特征，还要致力于为当地这些处于弱势的文化找到重新发扬光大的理由。人文资源占优势的文化传播模式唤来了世界各地游客对特殊民族文化的欣赏，也唤醒了当地政府和人民对民族文化精髓的重视。生态旅游农业的发展，有利于传承和发扬中国传统文化。在新时代的今天，乘着生态旅游农业的东风，传统文化将焕发出新的光彩。

案　例

江永县女书文化村

江永县浦美女书文化村（原称浦尾村）为世界上独一无二的女性文字——江永女书发源和流传区（图 2-14、图 2-15）。江永女书先后被列入首批“中国档案文献遗产名录”、《吉尼斯世界纪录大全》，女书习俗入选“湖南省十大民族民间文化遗产”、国家首批非物质文化遗产名录。2011 年，女书园被评为国家 AAA 级景区；2012 年，浦美村被评为湖南省特色旅游名村；2016 年，女书生态博物馆被确定为湖南省涉外参观点，浦美村被农业部推介为 2016 年中国美丽休闲乡村之特色民俗村。近年来，浦美村坚持“保护为主、抢救第一、合理利用、逐步发展”的基本方针，依托独特的“女书文化”“五香特产”等丰富的旅游资源，着力发展乡村旅游，扎实推进旅游扶贫，取得了显著的经济效益、社会效益和生态效益。

首先，浦美村注重保护开发，塑造了乡村旅游“文化灵魂”。发展女书文化旅游产业总体思路是：遵照生态保护为主兼顾开发的原则，把握“绿色、生态、神秘”的开发定位，突出“女书、女性、母性”文化主题，依托女书文化品牌，精心构建女书文化生态旅游环境，打造“三大核心区域”，构建“三大特色产业”，实现文化资源优势向现实生产力的转化，推动当地经济社会发展。2016年，为了积极打造旅游名村、国家级美丽休闲乡村，以村民为主体，充分尊重村民的意愿，“规划先行、因地制宜、统筹兼顾、分步实施”，共计投入600多万元对整个女书岛进行改建，全村旅游基础设施得到了明显改善。做好小浦尾村落整理，重点布置胡氏宗祠、老县长故居、高银仙故居、女红古巷和女书园，绿化村落周边，恢复女书传承习俗——四月八“斗牛节”、婚嫁习俗“坐歌堂”。以女书内涵为核心，构建女书文化原生态旅游展示、传承区；依托女书文化的特点，设计女书秘扇、织带等工艺品，在旧村落里形成原生态女书工艺品加工体验区，使之成为女书文化旅游主导产业。

其次，浦美村打造了女书文化互动区，构建了休闲旅游产业，成为原生态女书文化的补充；打造了果蔬产业区，构建了果蔬种植和加工产业，成为文化旅游的配套产业。建立了旅游咨询服务点，为广大游客提供旅游咨询服务，内部设置座椅，配备电脑、电话、传真机、打印机等办公设备。开发女书园后的枣树林，兴建竞技、体能拓展项目设施，设置烧烤场；在大浦尾村对面的内河岛上兴建农家乐、茶庄，发展农家休闲餐饮、住宿业；在内河养鱼，发展垂钓休闲项目。对于吊桥至女书园道路两旁的可使用耕地及小浦尾村后的水田，根据土壤条件及气候，按规模与品牌设计相结合的方法重新进行整合规划，形成既具观赏价值，又具经济价值的特种果蔬园。果蔬丰收季节可供游客自行采摘，也可将时令蔬菜加工成系列腌菜，供游客品尝和购买。

再次，浦美村近年来突出电商引领作用，使乡村旅游插上了“腾飞翅膀”。村里以江永被列为国家级电子商务进农村综合示范县为契机，积极发展电子商务。2016年，发展“农村淘宝”“乡村驿站”等销售网点4家，村里盛产的香姜、优质水果、土猪腊肉、女书民俗饰品等旅游产品销往全国各地。2016年，全村电商销售产品将近800万元。

最后，浦美村着力于美丽乡村建设，狠抓乡风文明。按照“恢复古村、保护文物、发展产业、开发旅游”的思路大力实施美丽休闲乡村建设，全村基础设施全面夯实，集体经济实力日益壮大，生产生活条件明显改善，2016年全村人均纯收入达到11 450元。同时，浦美村扎实推进农村精神文明建设，制定村规民约，深入开展和美家庭、和睦邻里、和谐村组“三和”文明创建及“好家风好家训”等丰富多彩的文化活动，使村民破除了陈规陋习，形成了文明新风。

通过改造提质升级，女书园环境卫生、村容村貌大为改观，女书岛环境优美、秩序优良、服务优质、管理优化，宜居宜业的生产生活环境呈现在人民面前。通过努力创建，2016年，该村被农业部评为“2016年中国美丽休闲乡村”、市级“美丽乡村”示范村荣誉称号。通过2016年免票促销行动，依托“五一”“十一”黄金周和湖南省

"全省旅游扶贫现场会"的影响、宣传，浦美村全年接待游客53 000余人次，外省游客增多，"江永女书"品牌效应逐步走出湖南、走向世界。

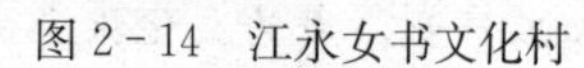
图2-14　江永女书文化村

图2-15　江永女书博物馆

第五节　复合型生态农业模式

一、农林牧复合生态农业模式

（一）农林牧复合生态农业模式的特点

农林牧复合生态系统是指在同一块土地管理单元上，按照生态经济学原理，人为地把多年生木本植物与其他栽培植物及饲养动物，依时间或空间有机地安排在一起，利用在时空上的互补性形成2个或2个以上产业或组分的复合生产模式。该模式形成一个具有多种群、多层次、多产品、多效益特点的人工生态系统。它不是农林牧业的简单结合，而是按照一定生态学和经济学原理，人为地把某一生产单位或某一土地管理单元的农、林、牧生产，木本植物与其他栽培植物生产，家畜、家禽与水产品及其他养殖业生产，农副产品加工及运输业、服务业生产等，在时间或空间上按一定组合方式有机结合的资源综合管理和利用的技术体系。

（二）农林牧复合生态农业模式的分析与推广

农业、林业和牧业都是经济基础产业，既为人类的生存创造最基本的生活资料和物质基础，又为社会的发展提供最原始的推动力。农林牧复合系统利用农林牧业各自优势，达到取长补短、增产增值、改善环境等良好效果。在此系统中，生产者从自然、经济、社会出发，选择生物组分来构建生产系统。部分林业用地可用于农业和畜牧业的经营，同时林业用地以外的其他土地也可被用来造林，以便提供用材林、薪炭林和其他林副产品，同时林木系统的林冠可以截留降水，枯枝落叶层及地被层可使降水渗入土层，减少地表径流和土壤冲刷，增加土壤湿度。该复合生态系统集农林牧于一体，为多层次多用途的结构，实现了产业间的经济互补、物质能量的多层互用和系统潜在生态优势的发挥，是由我国传统农业生态系统逐渐发展起来的高效利用农业资源且适应发展中国家可持续发展需求的复合生态经济系统。农林牧复合生态系统符合特定的物质循环、能量流动、信息传递以及节约能源、提高效率、保护环境等生态环境要求，能够促进产业互补，有利于提高经济效益，实现农林牧业的可持续发展，具有广泛推广价值，在我国已得到广泛应用。

1. 黑龙江拜泉县农林牧复合模式　拜泉县位于黑龙江省中部，总土地面积3 599 km^2，其中耕地24.07万hm^2，盛产大豆、玉米、马铃薯等农作物，是北方典型的农业大县，也是“三北”防护林体系建设的重点县。拜泉县属高寒贫水旱作农业区，境内黑土漫岗，丘陵地貌十分典型，地下水资源贫乏，土壤以黑土和黑钙土为主，但由于大面积的毁林、毁草开荒，掠夺式开发各种资源，地表植被遭到严重破坏，该县农业生态环境日趋恶化，干旱、风蚀和水蚀等自然灾害频发。至20世纪70年代末森林覆盖率下降到3%，黑土层由100 cm下降到30 cm，土壤有机质含量由80 g/kg下降到30 g/kg，年风蚀表土4 mm，坡耕地年流失水1亿m^3、流失肥12万t、流失表土1 400万t，水土流失面积占全县总土地面积的60%，其中耕地水土流失面积占总耕地面积的70%，粮食单产不足750 kg/hm^2，人均年收入不足百元，县域经济濒于崩溃，为全国的贫困县之一。在这种情况下，拜泉县从20世纪70年代末开始生态环境治理，由单项植树造林、水土保持到以小流域为单元的综合生态农业建设。1994—1998年该县成为全国首批生态农业建设试点县之一，1999年通过国家级阶段性验收并名列榜首。经过20多年的艰苦奋斗，拜泉县取得了显著的生态效益、经济效益、社会效益和文化效益，形成良好的农业生态环境。1988—1999年拜泉县生态农业建设累计投资40亿元，绝大部分为农民的劳务投入，12年共增产粮食28.5亿kg，增收35亿元。该县被相继授予“全国水土保持先进单位”“全国造林绿化百佳县”“全国平原绿化先进县”等，1996年10月该县被国际生态工程大会授予“国际生态工程一等奖”，1999年荣获“第三届地球奖”和“全国造林绿化十大标兵”称号。2000年各新闻媒体纷纷向国内外广为宣传拜泉县典型经验，引起了社会各界的强烈反响，黑龙江省委号召全省都要学习拜泉县的经验，把黑龙江省建设成为生态农业大省。拜泉县于2001年12月25日被联合国工业发展组织指定为国际绿色产业示范区。

拜泉县对生态环境实行综合治理和系统规划，主要是实施农林牧渔综合经营。在系统规划过程中，根据拜泉县的主要土地条件类型，采取不同的开发、治理、经营策略：地势平坦的西南部，林、果、畜、粮综合经营；中部漫川漫岗区，粮、牧、企、经、庭立体开发；东南丘陵区，坡、水、田、林、路综合治理；河流沿岸易涝区，畜、禽、鱼、稻循环发展；围城沿路地带，贸、工、农一体化发展。在全县范围内，普遍推广包括“三大一深”“三水保活”“筑台整地”“容器育苗”“水土保持林体系优化配置”“农田防护林结构优化与树种更新”“小流域林业生态治理”等25项林业科技成果在内的综合技术，把全县32个小流域、150个生态小区建成环境优美的资源开发区和规模效益宏大的生态经济区。例如在不同的立地条件类型区，采用多种经营、治理方法，每种方法又包含其他若干种技术措施，常用技术模式有：

（1）山顶栽松戴帽子。岗脊栽植根系发达、耐旱的樟子松，用4年生以上的大苗造林；坡地栽植杨树；坡下插柳。

（2）梯田地埂扎带子。坡上修梯田，沿等高线筑埂，埂上种植胡枝子等耐旱灌木带。既可防治水土流失，又可获取一定的经济效益。

（3）退耕还草铺毯子。为防治水土流失，将坡度在25°以上的坡耕地退耕还林、还草；

土层厚 30 cm 以上的地块栽植耐旱灌木，不足 30 cm 的地块种草。

(4) 沟里养鱼修池子。在条件适宜的侵蚀沟，修建养鱼池，沟边栽植适于柳编的优良灌木短序松江柳，生态效益和经济效益并举。

(5) 坝内蓄水养鸭子。拦河筑坝，调控水流，控制河流对堤岸的冲刷，坝内养殖鸭子等水禽。

(6) 坝外开发种稻子。在堤坝外的河滩地里种植水稻。

(7) 瓮地植树结果子。充分利用瓮地（丘陵上形成的小盆地）的优越小气候条件，种植杏、李等果树。

(8) 平原林网织格子。在平原农区，以“三北”防护林体系建设为基础，营造农田防护林、护路林，进行村屯绿化；同时调整林种结构和树种结构，增针减阔，且每年用樟子松、云杉、落叶松替换原有杨树林带或林分的 10%～15%，5～10 年完成防护林改造与更新，以建立持续稳定高效的新型防护林体系。

(9) 立体开发办场子。主要指在荒山荒坡采用（5.0～6.0）m×(5.0～6.0）m 的株行距营造樟子松、果树林；林内间种粮食、药材；利用荒山荒坡上的柞树养蚕等。

(10) 综合经营抓票子。在主要公路所经乡镇及路边建立以加工和营销当地农副特产为主的小型工厂和商店，实行农工贸一体化经营。

综上所述，黑龙江拜泉县所采用的农林牧模式坚持生态环境优先的原则，把发展地方经济建立在保护和改善生态环境的基础上，实现了环境与经济的协调发展。截至 2009 年，该模式区已营造农田防护林主林带 4 388 条、副林带 6 655 条，构筑 500 m×500 m 的网格 10 629 个，开发庇护农田 24.1 万 hm^2，使森林覆盖率达到了 22%，活立木蓄积高达 286 万 m^3，粮食总产量连续 10 年突破 50 万 t。据测定，模式区内春季多风季节的风速平均降低 38%，干旱季节的空气相对湿度提高 10%～14%，坡耕地减少地表径流 57%，水土流失量平均减少 50%，土壤有机质含量提高 0.39%。

2. 果园养鸡模式 安徽省广德县有丰富的坡耕地资源和劳动力资源，加之优越的自然条件和地理位置，为生态农业发展提供了基础条件。猕猴桃果园散养草鸡立体种养高效生态模式，即在园内散养草鸡，利用果树遮阴，鸡吃虫、草，同时鸡粪肥园。这种模式实现物质、能量的良性循环，其产品在苏、浙、沪市场竞争力较强，品牌、价格优势突出，具有较好的实用性。具体做法如下：

(1) 根据种植和养殖规模，结合地形将基地合理规划布局，每区 5～8 hm^2，每小区 1 hm^2 为宜，区间留主干道 8 m 宽，每小区间留一长方形空地 600 m^2 左右，且垂直主干道，以待建立鸡棚，每小区中间留约 2 m 宽做隔离带兼做作业道，结合灌溉铺设管道兼做养鸡供水管，基地主干道和外围结合绿化栽植茶叶和银杏兼作防风林。菁菁猕猴桃基地 30 hm^2（坡度<15°），设立 5 个区和若干个小区，布局合理。

(2) 果园开挖沟壕、整地，壕宽 1 m，深 0.8 m，壕底垫秸秆，施入鸡粪、复合肥等做基肥，3 m×4 m 株行距，4 m×6 m 设置水泥杆棚架，每小区 280 根，四周外斜 15°，高 1.8～2 m，鸡棚搭建采用简易竹架结构，上留排气窗和搭盖塑膜、牛毛毡和稻草，边置 50 cm矮墙和收放式彩布，棚内垫稻壳，设置食盘和自饮皿。每小区建一棚，平均每棚养鸡 2 000 只/批。

(3) 选择速生、丰产、优质猕猴桃品种和抗病优质的草鸡品种。苗鸡在育雏室育雏 3

周，做好各种疫苗接种，3 周后出棚入果园散养，80～100 d 后出售。草鸡入园散养一般每小区 2 000 只/批，鸡在园中取食虫、草及猕猴桃落果，同时结合部分饲料饲喂。每年在果园中散养草鸡 3～4 批，通过交替放园，最大限度利用果园空间和鸡粪有机肥。果园用药和养殖消毒要充分考虑安全间隔期，保证猕猴桃生产和草鸡饲养安全。

综上所述，通过果园林间空地散养草鸡，充分利用林间土地空间和现有基础设施，降低了养鸡的基础投入成本，形成了以猕猴桃树体、林间虫草、草鸡、土壤为主要成分的自然-人工复合系统。这样果树林间杂草、昆虫、蚯蚓等土栖小动物、微生物、草鸡等在该系统中占据了适合自己的生态位，形成了稳定的生态结构体系，形成稳定的物质流和能量流，使该生态系统稳定、协调发展。由于利用鸡粪肥园，鸡吃虫、草，增加了果园土壤有机质含量，使土壤肥力提高，减少了化学肥料和农药投入，从而使猕猴桃果实品质提高，而且安全，市场售价提高 20%。

该模式的成功实践使安徽省广德县农业生态环境趋于良性发展。对该县生态农业建设、农业结构调整和无公害农产品发展起到良好的示范带动作用；有效指导全县农民充分利用坡耕地资源，发展水果种植和禽类养殖，进行农业结构调整；积极推动了该县农业生产结构单一的转变，提高产品质量和改善生态环境，增强产品在市场上的竞争力，带动该县特色农产品走生态发展、安全无公害生产；引导广大农户走“公司＋农户”发展路子，如箐箐生态食品企业已带动周边农户应用该生态模式种植，有果园 20 hm^2、年散养草鸡万只以上的林果基地 5 处，有果园 5 hm^2、年散养草鸡 1 000 只以上的农户逾百户。果园养鸡模式促进了当地农民增收，扩大了就业门路，为农业的可持续发展创造了条件，促进当地农业向优质、高产、高效、安全、生态方向发展。

3. 半干旱地区农林牧优化模式　黑龙江省富裕县兴胜村为“三北”防护林建设典型样区，此地区防护林体系的农林牧生产结构、生态结构经过 7 年的优化改造，至 1998 年初步形成了一个网格优化、树种结构优化、林种布局优化、林带胁地最小、森林覆盖率最佳、产业结构和技术结构协调的优化模式，并取得了良好的生态、经济和社会效益，为半干旱地区建立持续、高效、低耗的大农业生态模式奠定了良好的基础。其主要的优化模式为：

（1）在减少抗逆性林业占地的基础上，伐除 29 hm^2 生长量较差的片林，在主害风向之一的西南片用银中杨、109 柳、杆子柳、小黑杨大苗重新营造小片丰产林 10.4 hm^2，使之生长量较原片林提高 10%以上；以云杉、樟子松优化林带，所改林带占地减少 20%，胁地减少 40%～60%，一代防护年限延长 20～30 年，且冬夏防护效益均衡；用切根贴膜技术改造林带 10 000 m，胁地减小 49.7%；对 4 个大网格用银中杨大苗加带，使之成为 880 m×220 m小网，防护效益较原大网提高 5%～10%。

（2）利用该村水资源发展 50 hm^2 水田，采用旱育稀植技术，水稻产量由原来的 5 000 kg/hm^2提高到 7 500 kg/hm^2，同时，还可节约用水 30%，产值增加 13.5 万元。利用该村规范完整的方田林网建立 100 hm^2 良种繁育基地，种子生产成本较传统耕作方式增加 450 元/hm^2，效益提高 3 750 元/hm^2，采用大垄覆膜技术栽培，净增产值 37.5 万元。

（3）依据饲料、饲草、资金、环境等生产要素，先后引进黑白花奶牛 50 头，黄牛改良母牛 30 头，自繁奶牛 20 头，良种绵羊 800 只，同时加大了生猪饲养力度。经几年的努力，经济流量大幅提高，年产值已由过去的 16.4 万元发展到现今的 100 万元。

综上所述，从优化结构的过程来看，兴胜村以林为基础，以人为中心，以经济、生态、社会效益最佳统一为目的，采用系统工程优化法，建立起人、生物与环境相适应的大农业生态系统。经过7年的深入研究和生产实践，兴胜村已初步形成了一个村规模大小的可持续发展农业人工生态系统。

通过对农、林、牧生产与经济系数的内部要素和有关外部要素综合分析，按生态经济规律进行了宏观调控，使农、林、牧的土地匹配比例由1990年的5.7：1.7：2.3调整到1996年的5.9：1.5：2.3，牧业由单纯副业型转化为产业型，完善了整体及农业、林业、牧业的内部结构，生态环境得到进一步改善，总体效益十分显著。

二、农林渔复合生态农业模式

（一）农林渔复合生态农业模式的特点

农林渔复合生态模式是一种立体生态农业模式，利用资源在时空上的互补形成2个或2个以上产业或组分的复合生产模式。一方面，利用林业、农业和渔业不同组分之间物质循环与能量转换等理论来发展高效生态农业，实现农业生态系统的良性循环，改善土壤性状、提高土壤肥力、增加作物产量，保证土地的可持续利用和资源的循环增值，以更高的效率向人们提供价廉物美的产品；另一方面，在农、林、渔复合生态模式中，动植物、微生物和从事生产的人与所处的自然环境共同构成物质、能量和信息转化循环的系统，保持输入、输出平衡，使多层次的物质循环和能量转移达到较好状态。农业系统是人类赖以生存的产业，是我们获取赖以生存的食物的基础；渔业系统可以根据当地的条件养殖种类不同的水产品，创造较高的经济价值；林业不仅能为人类提供木材和其他林业产品，具有一定的经济效益，还能产生巨大的生态效益，包括涵养水源、保持水土、调节气候、防风固沙、净化大气、产生氧气、保持生物多样性和保健游憩等多个方面。如结合优势农作物的生长特性，根据山体走势，将农林渔业结合起来的生态农业模式（图2-16）：海拔高处的经济林木能有效地调节大气中的水循环，大气降水通过森林的林冠层和林下灌草层被部分截留，并通过穿透方式下降到地面，部分截留在植物表面及土壤中的水又通过物理蒸发和植物蒸腾作用返回大气，这样的循环能保留较多的水分，提高降水资源的有效利用率。林木的蓄水为下层的大田作物提供水的来源；大田作物废弃物通过沼气池发酵后可以作为喂鱼的饵料，还可作为果园经济林

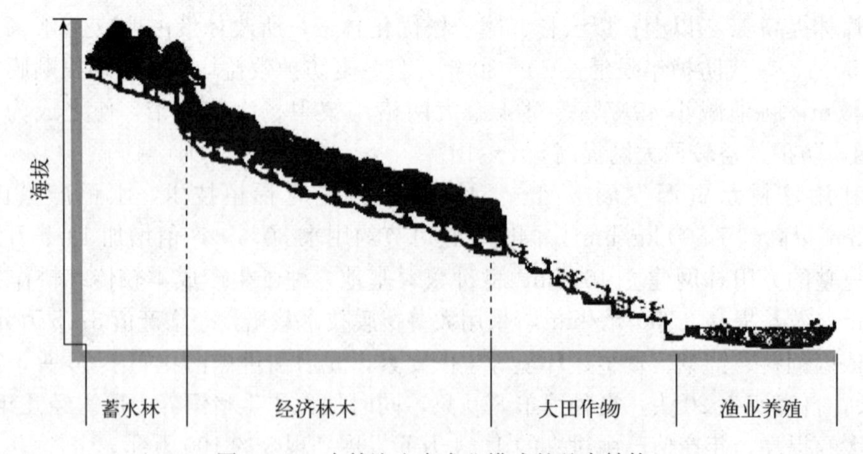

图2-16　农林渔生态农业模式的基本结构

木的肥料。因此，进一步挖掘农林、农渔、林渔等不同产业之间的相互促进、协调发展的能力，对于我国的食物安全和农业自身的生态环境保护具有重要意义。

（二）农林渔复合生态农业模式的分析与推广

果木-蔬菜-鱼塘模式是一种典型的农林渔复合生态农业模式，即鱼塘坎上种经济果木，还可以间种一些蔬菜，塘内以养鱼为主。

1. 果基鱼塘模式的特点

（1）基塘面积可塑性大，适于户营。基塘面积可以因地制宜，大小和形状不论，从几十平方米到数千平方米都可，完全适宜目前农村分户经营的现状。一个农户可以根据自己的庭院、承包耕地等实际情况建一个到几个基塘；一般以 667 m^2 左右一个为好。

（2）适应范围广。果基鱼塘对地势、地貌没有较大的要求，在坝区、丘区和低山地区都可以推广，特别是山区和低山地区以及水源不方便的地方更兼有蓄水的功能，完全可以进行一塘多用。

（3）集约化水平高。果基鱼塘是在生态学、生态经济学、系统工程理论指导下，运用现代农业科学技术将塘基、水面、水中、空间和时间实行立体开发、综合利用，实现模式内种植、养殖业各个项目、环节的合理组装搭配，实现物质和能量的多层次综合利用，达到“整体、协调、循环、再生”的要求。因而其科技含量高，投资小，见效快，收入高，集约化水平高。以果饲（菜）鸭（鹅）鱼为例，塘基上种果树，果树下种饲草或蔬菜，饲草养鸭（鹅）、喂鱼，鸭（鹅）的活动可增加水体含氧量，鸭（鹅）粪便经塘内水体和微生物综合作用可成为鱼的饵料，鱼粪又可促进塘内微生物繁衍，塘泥可以肥果肥菜（饲草），可有效降低投资，从而形成“果饲鸭鱼”良性循环系统。

（4）综合效益好。一般果基鱼塘由于产品，市场价格不同，收入差异较大，但比单纯种果或养鱼高 1 倍左右。同时，果基鱼塘还具备了蓄水抗旱、改善农田小气候的功效，而且投入低，农药、化肥施用量少，所产农产品品质也较佳。

2. 具体做法

（1）进行基塘设计。塘坎与水面的比例 1∶4 左右，鱼塘坎高 0.7～1 m，宽 1.2～3 m（3 m 左右则可种 2 行果树），水深 1.5 m 以上，1 hm^2 果基鱼塘可蓄水 700～900 m^3；塘坎进行浆砌，以防垮坎和渗漏，并建立完善的排灌系统，面积以 667 m^2 左右为好。有条件种水稻的鱼塘在塘的四角分别挖一个深 2 m 左右的凼，每个面积 30 m^2 左右。山平塘则因地制宜加宽或加高塘基以便种果树。

（2）果木-蔬菜-鱼的合理配置。塘基上种有较好经济价值的水果，如柑橘类、桃、李、枇杷等，视塘坎宽窄可种 1～2 行，三面或四面林果都行，可适当密植，一般 3 m 左右 1 株，如果种单行，每公顷可种 450～600 株；树下种饲草或蔬菜，水面养鸭，一年放养 4 ～6 批，每批放养 1 500～1 800 只/hm^2，切忌满塘混养。水中养鱼，实行鲤鱼、花白鲢鱼、适量草鱼混养，每公顷放养大规格鱼苗 15 000～22 500 尾。

综上所述，这种模式的经济效益、社会效益、生态效益都大大高于单纯种果、养鱼、蓄水。加之整个模式形成了一个良性循环系统，项目配置较为合理，系统运行中的废弃物、副产物利用充分，有效地降低了投资，特别是农药、化肥的施用量少，不仅产出高，产品品质也好，综合效益较为显著。随着农业科技的进步和生态农业技术的普及，这种高效生态农业模式的内容不断完善，极具推广前景。

三、农牧渔复合生态农业模式

（一）农牧渔复合生态农业模式的特点

以“整体、协调、循环、再生”为原则，按照生态学和生态经济学原理，畜、禽、渔、粮、加多种产业结合，延伸食物链、生产链，促进形成农业物质和能量多级转化、利用的农业经济增长方式，提高农产品的附加值，从而促使农业丰产丰收，实现可持续发展。农、牧、渔综合经营类型的结合，最突出的作用就是通过综合养鱼可以充分利用水面、土地和废弃物，为社会增加更多的农副产品，节省养鱼的精饲料，节约生产成本，提高经济效益，发展多种经营，又能容纳较多的劳动力，增加就业人员。而且，农、牧、渔综合经营模式是水陆相互作用的结果，既实现了水陆各种资源物质和能量的多层分级利用，又使系统自身的有机废物重新返回系统的物质循环中去，既避免了环境污染，又维护了生态平衡。这种综合农业模式不但是我国当前农业集约化经营的重要方面，也是我国实现农业现代化的重要途径，需要在传统技术的基础上不断完善，使之继续发展和提高。

（二）农牧渔复合生态农业模式的分析与推广

1. 黄河三角洲盐碱地农基鱼塘复合模式 黄河三角洲地处山东省北部，渤海沿岸，面积 11 606 km^2，是全国农业综合开发重点区域之一。该区降水过分集中于夏季，加上地面坡降小，排水不畅易造成内涝。该区年蒸发量达 1 944.2 mm，加上地下水位高，矿化度大，土壤母质盐分随毛细管水上升地表，导致土壤盐渍化，盐碱地面积超过 13 万 hm^2，对农作物生长构成极大的威胁。

农基鱼塘把低洼盐碱地的渔业利用与农业改碱种植结合起来，既可增加淡水渔业养殖水面，又可新增耕地面积，使水、土资源都得以有效利用，是黄河三角洲地区改良和利用低洼盐碱荒地资源的有效途径之一。黄河三角洲农基鱼塘开发模式多样，根据当地社会、经济情况及资源、生态条件，主要有以下 3 种生产模式：

（1）畜（禽）基鱼塘。台田可养猪 8 头/hm^2，鸡 150 只/hm^2，水面养鸭 120 只/hm^2；塘中主养鲢鱼和鳙鱼，总放养量可达 380～450 kg/hm^2。

（2）粮（草）基鱼塘。台田种植粮、豆和饲草；塘内主要养殖草鱼等草食性鱼类，鲢、鳙、鲤、鲫等滤食、杂食性鱼类，总放养量可达 300～370 kg/hm^2。

（3）粮（果）基鱼塘。台田上粮豆面积占 75%，果树占 15%，饲草占 10%。将粮豆的副产品加工成饲料养鱼；塘内主要养鲤，混养少量其他鱼种，总放养量达 230～280 kg/hm^2。

黄河三角洲盐碱地农基鱼塘复合模式的实施取得了良好的生态效益、经济效益和社会效益，具体分析如下：

（1）渔、牧、农综合经营，形成良性循环基塘系统。鱼塘水面具有调节田间小气候的作用，改善农田的生态环境，且此复合模式基本上不用化肥，主要靠太阳能和系统内部有机物的循环利用供能，节约了成本，减少了环境污染。农牧废弃物促进了水生生物的生长繁殖，鱼、虾、蛙类显著增加，农田的病虫害明显减少。而且基塘连续生产多年后，塘泥上基肥田，基面又向塘鱼供应饲料，形成一种良性循环。

（2）提高农田土地利用率。原来土地利用率很低的盐碱地，逐渐变为高产稳产的农基鱼塘。农基鱼塘系统单位面积收获的品种较多，既有陆地产物，也有水产品。农、渔、牧协同发展，单位面积效益高。据统计，塘鱼平均产量为 6 t/hm^2，平均收入为 1.6 万元/hm^2，平均投入产出比为1∶1.8。即使台田和鱼塘是新开的，产量也比较高，而且会逐年提高，产值相应增加，如玉米、棉花和塘鱼第一年产量分别为4 875 kg/hm^2、2 250 kg/hm^2和3 825 kg/hm^2，第二年则分别增750 kg/hm^2、750 kg/hm^2和2 175 kg/hm^2。

(3) 有利于发展多种经营。大农业结构明显改善，大大调整了盐碱低洼地的农业利用结构，除生产粮、棉作物和塘鱼外，还可以饲养禽（鸡、鸭）、畜（猪、羊），种瓜菜，植花卉等。

(4) 有利于促进农村商品经济的发展。盐碱地改造，并向市场提供大量农、渔、牧产品，促使自给、半自给生产向商品性生产转化。

(5) 较好地解决农村劳动力富余问题。农基鱼塘生产环节多、工种多，是一种劳动密集型的集约化农业生产形式。大面积粗放经营的盐荒地改成基塘系统后，平均可增加劳动力3～5个/hm^2。

(6) 能够吸引众多的垂钓者和生态旅游者，发展生态观光型农业。

目前，农牧渔复合生态模式也存在一些问题：

(1) 农田土壤以黄沙土居多，新开的台田、表层土壤为生土，缺乏有机质和N、P、K等，尚需继续培肥改土。新开的鱼塘也比较贫瘠，有机质含量少，缺少水生生物，需要向塘鱼投饲料，以提高鱼塘生产力。

(2) 鱼塘水面比田面低2 m多，田地需要抽水灌溉；另外新开鱼塘塘泥盐分较重，难以做田肥利用。目前基塘系统水陆相互作用的潜力发挥尚受到一定的限制。

(3) 投资不足，农、渔、牧综合配套程度较低。建设农基鱼塘工程配套费用巨大，基塘建成后，尚需大量农、果、渔、牧配套资金及周转资金。不少承包户因继续投资能力有限，仅以水产养殖为主，禽畜配套普及率不高或程度不够，基面种植层次偏小，从而限制了水、陆相互作用的广度和强度。

(4) 生产服务环节欠配套。基塘生产实践过程中，应有多方面科技人员相互协作，但该区农技人员少，水产技术人员更是不足。此外，产品深加工不足，销售渠道也有待进一步打通。

2. 以生态养殖场为纽带的农牧渔复合生态农业模式　此模式主要以生态养殖场为纽带，将农、牧、渔生产结合起来发展的模式。生态养殖场是由江滩进行围垦的，充分利用江堤和河埂，栽种鱼草（黑麦草）及果树，包括种植一定面积的蔬菜，改善鱼塘生态小气候环境。江堤、河埂栽种鱼草、果树，鱼草喂食，鱼再产生鱼粪，淤泥培育鱼草和果树；生态养殖场饲养牲畜能产生大量的粪便废渣，通过沼气池发酵后用于喂鱼，同时提供用于农作物所需的有机肥，如可作为蔬菜、果树、黑麦草的有机肥源，大大增加了农作物的产量，农作物产量的增加也为饲养牲畜提供了饲料来源，真正实现动植物产前、产后能量的充分利用。

此模式是一种比较理想的农牧渔结合型生态模式，其中，生态养殖场起了关键性作用，其为整个模式的良性循环奠定了基础，大大地降低了生产成本，生产产值较高、所获利润增多，化废为宝，净化了生态环境。

(1) 养鱼的饲料以猪粪经沼气池发酵的沼渣及沼液为主。经过发酵的沼液及沼渣能够提供满足养鱼池塘生态系统内多层和多级分布的各种生物大量增殖所需的营养，鱼饵不足的问题得到解决，鱼的产量与质量亦得到提高。

（2）猪粪喂鱼能大大节约养鱼成本，提高鱼的产量。猪粪在沼气池中发酵，有机质经厌氧微生物降解后的残留物，是营养全面的优质饵肥，因为它含有大量的菌体蛋白、氨基酸及各种营养素。这些营养物质能直接被养殖鱼类及其饵料生物吸收，避免了未经发酵的猪粪在食物链传递和转换过程中的损失。以猪粪为主要鱼料的鱼塘比以小麦加菜籽饼为主要鱼料的鱼塘每年的成本要减少 280 元，并能增加鱼的产量。因为除少量猪粪被杂食鱼和吃食鱼直接饵用外，大部分被各种微生物分解成简单的有机和无机养分。鱼塘中通常最早出现的是各种细菌、棕鞭藻、隐藻、尾毛虫、周长虫等。细菌同藻类一样，大部分是从体表吸收有机质作为养料的，但细菌增殖比藻类快。无脊椎动物摄食这些活细菌后，就大量增殖。未分解的有机质残留物和各种生物遗体及其代谢废物，再被有关细菌分解成无机盐等养分。藻类等利用这些养分后，大量增殖，又增加了无脊椎动物的养料。上述这些养分齐全的藻类和无脊椎动物等被各种不同食性的鱼群所摄食。其中 1/10 的饵料养分同化成鱼体，而 9/10 的饵料则成为代谢产物。这些代谢产物又被微生物作为养料和分解成饵料生物能同化的养分。猪粪就是如此循环转化成鲜鱼产量。

猪粪经沼气池发酵后形成的沼渣和沼液喂鱼，不仅能大大提高鱼的产量，还能提高鱼的成活率，减少病害。具体沼渣和沼液的施用方法为鱼塘经清整后，沼渣按 500 kg/hm^2 左右施入。追施中施沼肥时间，最好选择在阴天的上午采取多点灌施，以利浮游生物增殖，减少氮损失。其用量一般为塘水体积的 0.1%左右。沼渣一年出 2～3 次：第一次出渣最好安排在 7—8 月，正值鱼类旺食猛长阶段，沼渣一则当肥，二则可作为杂食鱼和吃食鱼的部分饵料；第二次出渣正值冬季，一年池塘养鱼生产结束，进行来年放养准备工作。

用沼液喂鱼的成活率较高，培育的鲢、草鱼和白鲫秋片，要比用粪肥直接喂鱼依次高 20%、80%和 20%。同时鱼患病较少，特别是草鱼患鳞立病、细菌性烂鳃病明显减少。这是因为粪肥在沼气池发酵的厌氧条件下，不仅杀灭或抑制了原料中的寄生虫（卵）和病菌等，而且沼气发酵残留物可防治病害。

综上所述，以生态养殖场为纽带的农牧渔复合生态农业模式有许多合理利用的经验。其中，形成多元性的结构平衡和功能平衡是实现良性循环的关键，它对实现农业可持续发展有重要的指导意义。

四、林牧渔复合生态农业模式

（一）林牧渔复合生态农业模式的特点

林牧渔结合的生态渔业是充分利用土地资源的一项有效措施，是依靠系统工程和生态学原理，人工建起的渔、林、牧结合生态链，以邻近的地域为补充，建立渔、农、牧、林齐发展的区域性综合生产体系，它能向社会提供木材、粮食和各种农副产品，具有较高的综合经济效益。

林牧渔复合生态农业模式在生态良性循环的同时，又具有高效益低消耗的效果。如在山坡发展林-果-草业，不仅可保持水土、改善生态环境，而且通过果、草生产可获得一定的经济效益；林-果-草群落还可为畜牧养殖业提供一定的饲料来源，并为畜禽生长提供良好的生态环境。畜牧业生产除了获得经济效益外，还可以通过沼气生产为水产养殖业提供饲料（如沼液）以及为果、草种植业提供肥源（如沼渣、沼液）。水产养殖业除获得鱼类经济产品外，还可为林-果-草生产系统提供塘泥等有机肥。

（二）林牧渔复合生态农业模式的分析与推广

江苏省高邮市马棚林场地处里下河地区，试验总面积为 129.5 hm^2，其中林地 100.8 hm^2、水面 28.7 hm^2。此地区开展复合经营，将林、渔、牧相结合，形成了一个以林为主、多产业的经营结构，具有较高的经济效益。水网、沼泽地区以林为主的改造，使原滩地生态环境得到了变化，有利于渔业、畜牧业的发展，同时也促进了林业生产的发展，提高了经济效益。此地区林牧渔复合模式主要的经验做法为：

1. 复合经营水产养殖 水产养殖业放养规格和技术的改进，使水产量逐年提高，经济效益更为显著。马棚林场从 2005 年开始利用水沟，进行多鱼种分层养鱼试验，收益较高。2005 年养鱼 9.7 hm^2，产鱼 28.81 t，平均每公顷水沟产量为 2.97 t；2006 年养鱼 21 hm^2，产鱼 48.86 t，平均每公顷水沟鱼产量为 2.33 t；2007 年每公顷放养二龄鱼种 15 000 尾，每公顷投放青饲料 112.5 t，混合料 70 t，人粪尿、猪粪 37.5 t，尿素 0.45 t，养鱼面积 28.7 hm^2，产量 87.12 t，收入是开发前芦苇收入的 20 倍。

2. 复合经营家禽饲养 部分林下和水沟中放养水禽，充分利用了郁闭林中的杂草，并使鹅、鸭粪中的剩余有机物进行了饲料的第二个层次利用，从而能提高鱼的产量。2007 年马棚林场由 13 户承包户在 8.1 hm^2 水沟和 10.5 hm^2 林下放养仔鸭 1 478 只，放养仔鹅 750 只，合计产量为 4 695.8 kg，产值 15 625.6 元，每公顷收入为 1 001.38 元。

3. 复合经营野鸭饲养 饲养过程中，将野鸭每天早晨放入林场水面，晚上唤回进栏，野鸭生蛋后自己炕孵，提高了综合经济效益，又丰富了林场野生物种。2005 年，马棚林场利用人工林形成的特定自然环境，由饲养户在 3.5 hm^2 的水面上人工饲养野鸭 2 800 只，成活率均在 95%以上，人工育雏 3 周，饲养 80 d。每只平均重 1.35 kg，每只仅用饲料 2.5 kg，销售总产值达 8.03 万元。

4. 复合经营养羊 林下放牧既取得了直接经济效益，又抑制了林下杂草生长，同时为林木生长提供了有机肥料。马棚林场从 2000 年开始养本地山羊，仅 2004—2005 年饲养山羊 208 只，放养面积为 50 hm^2，成羊平均体重 24 kg。据测定，每公顷 8—10 年生池杉林下产鲜草 6 060～6 500 kg，而每只山羊 1 年内投入林内的肥料为 69.4 kg，现每公顷林地养羊 4 只，可投入羊粪 277 kg，按肥料折算相当每公顷施入碳酸氢铵 37 kg、过磷酸铵 9 kg 和硝酸钾 18 kg。

5. 林下间种的农林复合经营取得较高的林木生长效益 不但林木速生丰产，而且林下间种、以耕代抚经济效益更高。马棚林场林木生长迅速，每公顷年生长量超过 15 m^3，年胸径生长量达 1.64 cm，达到了速生丰产。造林后林下 5 年内能间种农作物，80 hm^2 林地每年平均产油菜籽 1 200 t，黄豆 90.2 t，平均间种产值 210 万元，林农间种效益为原芦苇产量收入的 10 倍。

【思考题】

1. 简述生态农业的技术类型。
2. 简述立体种植的概念和特点。
3. 请列举出 3 种以上立体种植模式类型。
4. 简述生态养殖的概念与特点。
5. 以沼气为中心的生态养殖模式有哪些？这些模式的共同特点是什么？

6. 以稻田为主体的生态养殖模式有哪些？这些模式的共同特点是什么？

7. 以渔业为主体的生态养殖模式有哪些？这些模式的共同特点是什么？

8. 简述生态旅游农业的概念和特点。

9. 如何区分农业资源占优势的产业带动模式、自然资源占优势的观光模式和人文资源占优势的文化传播模式？

10. 请列举出你所在省份10种以上农业区域品牌。

【学习资源】

农业资源占优势的产业带动模式

自然资源占优势的观光模式

人文资源占优势的文化传播模式

梦幻香山芳香文化园

渔浪码头视频

生态农业

CHAPTER 3 第三章 生态农业规划

【教学目标】

1. 了解生态农业规划的目的与意义；
2. 理解生态农业规划的概念；
3. 了解生态农业规划的基本要求与原则；
4. 熟悉生态农业规划的步骤；
5. 能够根据不同地域特点，合理规划不同级别生态农业区。

第一节 生态农业规划概述

一、生态农业规划的目的与意义

农业要获得可持续发展，使农民的收入不断增加、粮食产量不断提高，就必须要协调好发展农村经济与保护自然资源及环境的关系，因为农业生态环境与自然资源是农民世世代代赖以生存和发展经济的基础。要实现这种生产方式，就必须选用可行的生态农业技术，制订切实可行的生态农业规划。为此，只有运用系统工程方法，将各种单项技术或各产业因地制宜地加以组装配套，通过物质循环、能量多级利用，达到提高效率、农产品增值、减少废弃物的排放，才能获得既发展经济、增加农民收入，又能不断提高粮食产量及保护自然资源的效益。

生态农业建设过程是生态合理的农业现代化过程。生态农业规划作为生态农业建设的基础工作，是将常规农业纳入生态农业，使农业走上可持续发展轨道的前提。它是在一定区域范围内，依据当地资源、环境条件及社会经济状况，遵循生态经济学原理及环境、经济协调发展的原则，运用系统工程方法，制订的农业发展规划。生态农业规划是生态农业建设区域内，农村经济近期、中期与长期高效、持续、稳定、协调发展的战略部署与实施对策。只有把生态农业规划搞好，才能使领导者树立正确的经济发展观，制定出符合农业可持续发展的决策并转化为广大干部、农民群众的具体行为，使生态农业建设沿着科学、健康的方向发展。

二、生态农业规划的概念

生态农业规划是在一定区域范围内，依据当地资源、环境条件及社会经济状况，遵循生态经济学原理及环境、经济协调发展的原则，在生态农业建设区划成果的基础上，运用系统工程方法，制订总体规划、分区规划及相应的行业规划，以便对生态农业建设试验区内农村经济的近期、中期与长期的高效、持续、稳定、协调发展做出战略部署与实施对策。

三、生态农业规划的类型

区域生态农业建设主要是对环境与结构的综合调控，只有在一定区域范围内，宏观生态工程（如林业工程、水利工程等）才能进行建设，微观的良性循环模式才能得到稳定发展。

区域生态农业建设主要包括生态农业县建设、生态农业乡（镇）建设、生态村（场）建设及生态户建设几种类型。

（一）县级生态农业规划

县级生态农业规划即以县为单位进行区域性生态农业建设的规划，其基本任务是：在全县范围内提出生态农业建设总体目标；按照生态农业分区的发展战略，提出相应的发展模式；在全县范围内进行产业结构和用地结构的调整，制定生态农业建设工程项目及应采取的措施、分期实施的各项措施及预测生态农业建设的效益等。

（二）乡（镇）、村（场）、户各级生态农业规划

分别在上一级单位所确定的发展方向和要求的具体指导下，结合本区域范围内的生态经济状况，制订相应的规划。规划内容包括：发展目标、产业结构、土地利用构成、食物链结构为基础的生态农业经营模式、生态工程、技术措施等。

四、生态农业规划的特点

生态农业规划的特点是与生态农业的本质特征分不开的。基于生态农业的整体性与协调性，生态农业规划不仅应适于农田，而且面向农户和农场、村落的全部土地资源（包括水域）。生态农业规划依据市场和人们生活要求，通过农、林、牧、渔、农村能源等多产业的综合设计及技术组装，实现农、林、牧、渔各业的综合发展并达到物质循环利用，通过生产与生态的良性循环及山水林田路的综合治理与建设，达到土地的最优化利用和农、林、牧、渔各产业协调发展，实现农民收入最多、单位土地生产率最高，而又不会浪费及破坏农民世世代代赖以生存的土地、水及生物资源，实现可持续发展。

（一）全局性

生态农业规划十分注意所规划的地区生态经济系统的整体性，坚持社会、经济和环境优化的同步、协调发展。因此，生态农业规划必须兼顾系统内各部门、各行业及各阶层方方面面的利益，考虑各方面的特点与关系，从政治、社会、经济、自然资源条件和人类活动各种因素的需要出发，制定协调发展的策略，防止顾此失彼。从规划方法来看，生态农业规划只有运用多学科的知识与方法对农业经济、社会、环境复合系统进行多因素、多层次、多方面的分析与综合，才能制订出科学可行的生态农业规划。

（二）长远性

生态农业规划是实现农业可持续发展的规划，本身要求在较长时间内对生态农业建设起指导作用。规划一经确定，就要求一代人或几代人为之共同奋斗，而人的近期活动只能朝着这个大目标去进行、去发展。因此，生态农业规划要用整体、综合、宏观的观点来探讨农业的地域差异、区位优势、结构、模式、总体布局和战略方向以及建设重点、对策措施等，为指导农业可持续发展战略提供科学决策。生态农业规划强调大方向、大目标，反对急功近利。

（三）实践性

建设生态农业不是一个纯理论问题，也不是一般的口号，它来自于实际，用之于实践。生态农业规划制订后，要为领导部门进行宏观决策服务，用以指导实践。生态农业规划是对一个区域农业未来发展的构想，在未来的一段时期内不可预测的变化因素较多，而且期限越长不确定程度就越大，因此要在实践中不断完善规划。

（四）群众性

生态农业规划强调公众参与。这是因为生态农业建设是为千千万万群众造福，也要靠群众去实践，必须要具有雄厚的群众基础。在制订生态农业规划时，要制订相应的措施把广大群众真正动员起来积极参与，只有上上下下共同努力，才能使制订出来的规划发挥其强大的生命力。

五、生态农业规划的基本要求与原则

（一）生态农业规划的基本要求

农业生产与工业生产的基本区别在于农业通过动物、植物及微生物等生命体的生长、发育来完成生产。农业生产过程中产生的大量废弃物如粪便、秸秆等，通过生态系统的吸收与自净功能再返回到环境中去。因此，如何实现自然资源的循环、高效、永续利用是生态农业规划的核心。

不同地区的自然、社会、经济、条件不同，决定了不同地区功能与效益最好的生产模式也各不相同。为提高经济效益、获得最佳的农业生产效果及合理利用当地资源，在制订生态农业规划时，必须从当地的实际出发，遵循因地制宜的原则，从当地的自然环境条件、技术与经济水平及自然资源基础出发，设计出最优的生产模式。

（二）生态农业规划的原则

1. 必须遵循发展生态农业的内涵　首先，生态农业是一种农业发展形式，是使农业发展向生态合理的方向转化，使农业现代化发展建立在生态合理性的基础上，其生态经济系统处于生产与生态良性循环而不是恶性循环的状态。

其次，与传统农业不同，生态农业是以现代科技为基础的。其目的是在农业发展进程中通过科学技术及现代管理方法的投入，自觉地恢复人与环境相互协调的状态，通过对自然资源的合理开发与高效利用，寻求经济发展与环境保护相协调的切入点，发展适合当地生态经济条件的主导产业。

最后，生态农业绝不是回到传统农业或者回归自然。这是因为农业生态系统与自然生态系统决然不同。如果认为生态农业就是回归自然，那是一种误解。

2. 必须遵循生态系统理论与方法　规划中要遵循的生态系统理论与方法最为重要的有

如下几个方面：

(1) 社会、经济发展与生态环境、资源保护的协调。人类的经济活动与资源环境关系，可能是正效应，也可能是负效应，因此，在制订生态农业规划时首先要分析区域的资源状况，要调查分析如何利用这些资源，只有这样才能判断在该区域中人与环境之间的关系。

(2) 子系统优化不等于大系统最优。系统论的一个重要原理就是子系统优化不等于大系统最优。也就是说系统无论大小，系统的整体功能总是大于部分功能之和。一般来讲，只有在子系统设计相互匹配的条件下，才会有较好的总体设计。产业结构设计包括农、林、牧、渔等多产业的结构模型设计。例如，农业子系统设计涉及种植业种群结构，但要注意各作物组分之间、农林牧渔产业间的协同适应性，在此基础上提出相应的用地比例、劳动力配置结构、投资结构等，并建立起实现农业生态经济系统良性循环的复合结构。

农、林、牧、渔各产业在生态农业系统中不是“大拼盘”，只有在一定资源条件下确定合理的量比关系，才能达到物质、能量的流畅循环。

(3) 遵循最小因子定律。农业生产上经常遇到生产的限制因子，区域可持续发展中需正确对待影响可持续发展的障碍因子。一个地区制约农业发展的障碍因子较多，如水、冷害、资金、技术……其中主导的制约因素，对农业生产的整体功能的实现、对区域的可持续发展起到关键作用。这个主导因素不解决，农业生产与区域的发展就上不去。最小因子定律的运用对区域生态农业规划是十分重要的，因为只有明确了当地影响可持续发展的障碍因子，才能确定促进区域可持续发展的突破口，提出相应的生态工程对策、经济开发对策，寻求新的发展模式，才可能走上良性循环的发展道路。

3. 必须遵循复合系统理论与方法 我国著名生态学家马世骏先生在1984年就提出了复合系统理论和开展城乡生态建设的观点。他认为，虽然社会、经济和自然是三个不同性质的系统，都有各自的结构功能及其发展规律，但它们各自的存在和发展又受其他系统的结构与功能的制约。这种各系统间相互结合又相互制约的复杂系统称为社会-经济-自然复合生态系统。这一理论的提出，对生态农业规划具有十分现实的指导意义。

探索农业可持续发展涉及的是一个社会-经济-资源-人口相互作用的复杂体系，这四类组分的协调程度，直接关系着农业的发展。县域范围内的地形往往存在着差异，如高山、低丘、平原、洼地等，若将其分隔开来都有其局限性，如视为一个相互联系的整体则可扬长补短，发挥整体效益。我国长江以南的农业地貌被描绘成“七山二水一分田”，就形成规律来说，是个不可分割的整体，广大群众已创造出了不少的立体型生态农业模式，充分利用边缘效应，大大发挥了系统功能。

生态农业建设要求实现生态、经济的良性循环，实现生态农业的产业化。其目的是要在国家、集体、个体各自独立经营之间建立起物质、信息、产品等的交换桥梁，使三层结成链环，大、中、小三环相套，通过相应的保障体系，在资源、生产加工、运销方面可互补、调节，适应国内外的供需形势变化，以便保持社会与经济系统的稳定发展，资源高效利用及保护生态环境。

4. 必须坚持公众参与的原则 生态环境的恢复、保护与建设是生态农业建设的重要内容，是创造农业可持续发展的基础条件。在生态环境恢复、保护与建设中我们必须认识到：生态环境恢复与建设所面对的不仅仅是一个单纯自然环境的空间，而是一个以人的经济活动为基础的自然经济社会复合系统；人的活动是以经济效益为前提，满足他们生存与发展为目的，因此，生态环境保护与建设只有融入经济活动之中，并有适当的政策，才能调动广大公众参与，使生态环境保护与建设落在实处。所以，生态环境恢复、保护与建设不仅仅是工程技术问题，还涉及产业结构及人们经济发展方式的调整，也涉及能力建设、政策机制完善。因此，制定完善可行的政策、保障措施十分重要。

据上述理由，生态农业规划中必须有在宏观上建立利益协调机制的内容，以调动公众参与生态农业建设事业的积极性。在编制生态农业规划时，既要考虑干部的意见，尊重专家的建议，更应听取群众的要求。要通过利益相关者分析，协调与调动方方面面的积极性。

5. 实施层次设计的方法　农业生态经济系统的结构体现于三个层次，即种养加产业化层次、农林牧业层次及农田层次，在规划时应从当地资源条件、市场预测、区位与比较优势等全面考虑，在结构调整时应按从大到小三个结构层次进行系统设计（表 3－1）。

表 3－1　农业生态系统的层次结构及其调整

层次级别	主要结构成分	调整内容	调整手段
第一层次	种、养、加等产业结构成分	用地构成，劳动力分配，产值分布等	定性、定量相结合，网络结构及目标规划设计等
第二层次	农业、林业及牧业亚系统内部结构成分	农业：复种指数，粮、经、油等作物与饲料作物比例，夏秋粮比例轮作等 林业：林分构成 牧业：畜禽种群构成比例	可利用目标及线性规划方法进行定量与定性相结合的优化设计，以平面设计为主
第三层次	在某一农田中多种群构成、单种群密度、茬口安排	各种作物、林-粮、林-草、粮-草的间作、轮作、套作及混作等	空间及时间相结合的立体设计

6. 可操作性　生态农业规划涉及当地农业可持续发展的战略、途径、模式及配套的科学技术、政策法规等，制订后要求人们按照这个规划去实践。由于在未来一段时期内不可预测的变化因素较多，而且规划期限越长不确定因素就会越多，因此，在制订规划目标、指标时，要依据近期、中期及远期三个阶段提出不同的奋斗目标，特别是中、远期目标，要留有余地。

第二节　生态农业规划的步骤

规划设计的前提是成立规划编制组织。一般由当地政府分管领导出面，由发展改革、财政、农业、环保、林业、水利、规划、经管、科技等部门组成规划工作小组，拟定规划工作计划，分工合作。

根据我国多年生态农业建设实践，制订生态农业规划，如县级生态农业规划，一般由当地县政府的分管领导出面，组织发展改革、财政、农业、环保、林业、水利、规划、经管、科技等部门组成规划工作小组，拟定规划工作计划，分工合作。组织规划人员进行培训，并负责规划的全部编制工作。如规划已经制订，生态农业县建设领导小组应责成生态农业建设办公室组织有关部门进行修改与完善。

乡（镇）级、村级则由相应的组织与机构负责，而农户则应充分依靠自身的积极性，农业技术推广及各级行政部门应给予技术上的指导与帮助。

一、生态农业规划的基础工作

生态农业规划的基础工作就是调查与分析。通过调查研究与分析，弄清该地区的自然环境、自然资源、社会经济状况，结合市场现状与预测，把农村经济发展的优势、劣势和潜力找出来。

（一）确定生态农业规划的对象及其边界

弄清边界内所拥有的全部土地、水域、房屋、设备以及人口资源等。如果是生态农业县建设规划，其县域边界内所拥有的全部土地、水域、房屋、设备以及人口资源均包括在内。其他以此类推。

（二）生态环境与资源条件分析

在搞清当地地理、地区类型特征的基础上，特别要把土壤类型，土壤肥力，动植物种群，林、草、水面分布及面积，荒山、荒滩、湿地可开发的潜力，各种自然资源状况，土地碱化、沙化及水土流失状况，水体、大气、土壤污染状况搞清楚。

生态环境与资源条件分析，包括生态环境与资源优势分析及生态环境与资源劣势分析（表3-2）。

表3-2 生态环境与资源条件分析

项 目	内 容
优 势	1. 资源环境：光、热、水、土、气、生物、矿产等
	2. 综合匹配：光、热、降水与生物生产是否同步，农业可利用水量等
	3. 资源总量、人均占有量（特别指水、土、生物等），确定其承载能力
	4. 时间、空间分布
劣 势	1. 原生生态环境问题（主要指自然灾害分析，特别是一些人们难以控制的因素对农业发展有着重要的制约影响）
	2. 次生生态环境问题（指农林牧各业生产过程造成的化肥、农药等的污染导致的生物多样性减少及对农田、水体生态系统的影响）
	3. 外来的污染问题（城市工业及乡镇工业排放的污染物对农村生态环境的影响）
	4. 分析生态环境问题的时间、空间分布状况

在上述分析基础上就可以找出该地区农业可持续发展的主要生态环境障碍因子了。

（三）社会经济调查与分析

社会经济调查与分析主要包括人口、劳动力、产业布局、历年各业生产水平、固定资产、人均收入、积累消费水平、土地利用及农、林、牧、渔、工、商等生产结构，农田水利、农村能源结构，农药、化肥使用情况等。其项目包括生产结构（比例）、综合生产力水平、综合投入水平、社会需求及生活水平等（表3-3）。

表3-3 社会经济调查项目及内容

项 目	内 容
生产结构（比例）	1. 农、工、商、运输、服务业结构 2. 农、林、牧、渔业结构 3. 粮食、经济作物及饲料作物生产结构 4. 时空分布
综合生产力水平	1. 总生产力水平（总产量、总产值） 2. 土地生产力（耕单产、播单产） 3. 劳动生产力水平 4. 时空分布
综合投入水平	1. 基础性投入（农田基本建设，农业设施及装备） 2. 生产性投入（如机械、化肥等） 3. 时空分布
社会需求	1. 人口及消费 2. 市场需求 3. 国家需求
生活水平	1. 人均收入 2. 居民生活条件

（四）综合分析

在分析限制当地经济、社会、环境可持续发展的各种因素及相互关系基础上，确定这些因素在发展生态农业中的作用，找出关键因素，结合资源优势提出当地生态农业建设的主攻方向，设计相应的优化生产模式。

综合分析要根据所有可能收集到的资料，包括自然、区划、生态、人口、经济、社会等方面的背景材料，进行定性与定量相结合的生态经济系统的诊断，分析各子系统（农、林、牧、渔等）的组成、结构及功能的动态变化，通过现状的评价，确定其发展的趋势，提出建设生态农业的必要性、迫切性及可行性。

一般来讲，综合分析对系统内的总产值、人口增长、人均收入状况、资源潜力、种养加及其产业化程度、市场等进行预测。在分析研究影响当地社会、经济、生态发展的制约因素及其之间的相互关系、对系统发展趋势影响的基础上，确定这些因素在系统发展中的作用和贡献，找出影响生态经济结构优化的关键因素、从属因素；结合资源优势提出当地生态农业建设的主攻方向，为设计相应的优化生产的生态农业模式，生态农业的建设目标、建设内容及对策措施提供依据。

二、生态农业规划的基本内容

（一）生态农业规划的基本内容

1. 总体规划 生态农业建设总体规划是指在系统诊断与分析中找出问题的根源、潜力、解决途径及突破口，并在此基础上明确发展方向、发展重点和发展序列。它是生态农业规划最基本的部分。

（1）区域综合分析。

① 地理环境条件：介绍当地地理位置、行政区划、人口、区域面积，并总结当地地理条件的基本特点，分析发展农业生产的优势和劣势。

② 社会经济发展状况：从农业可持续发展角度总结农业发展的经验教训，介绍当地农、工、商以及社会经济发展现状，分析整个区域经济结构的现状及存在的主要问题。

③ 自然资源评价：对当地土地资源、气候资源、水资源、矿产资源等进行全面介绍，对当地自然资源利用状况以及开发潜力进行分析。

④ 区域综合开发潜力分析：根据社会经济及自然资源状况，对当地农、林、牧、渔及其他非农产业的发展潜力进行综合分析，找出当地生态农业建设的资源优势、有利条件及限制当地生态农业发展的制约因素。在认真分析研究影响区域生态、经济、社会可持续发展的制约因素及其相互关系的基础上，确定这些因素在生态农业建设中的地位和作用，找出关键因素、从属因素，结合资源优势及发展生态农业的有利条件，提出当地生态农业建设的主攻方向及相应目标等。

⑤ 生态农业建设分区：在综合调查与分析的基础上，充分运用农业综合区划成果，根据自然历史条件、区域生态经济关系及农业生态经济系统结构功能的类似性和差异性，把整个区域划分为不同类型的生态农业建设区。内容包括：生态农业建设区分区范围及界限；生态农业建设区分区的基本情况；绘制生态农业建设分区图。

⑥ 生态农业建设现状调查：对各分区中现有的生态农业的规模、模式、经验与教训进行调查，为选择与推广该地区生态农业发展模式提供依据。

（2）总体规划的指导思想与规划原则。依据生态农业内涵、追求的目标及当地的县（乡）情分析结果确定当地生态农业建设的指导思想，由此进一步制订出必须遵循的原则。

（3）总体规划目标确定的原则。

① 规划目标要能全面地反映系统时间和空间动态变化的特征。

② 规划要能全面地反映系统资源利用效益、生态经济功能效益并与生态农业建设评价指标相统一。

③ 规划目标体系要能体现系统层次性。

④ 规划目标含义明确，应能定量计算。

（4）生态农业总体发展目标。

① 生态农业建设可依据当地所处的生态经济类型区确定相应的目标（如贫困和生态环境质量低下地区、中等经济水平区、农村经济发达地区等）。

② 根据当地国民经济和社会发展规划及上级规划目标，结合当地实际条件确定生态农业规划的水平及规划阶段。

③ 确定生态农业建设区的边界范围，并明确适应当地条件的农业高产、优质、高效与可持续发展的总目标，划分区内不同的生态农业分区，提出各分区发展目标。

④ 生态农业总体规划目标的确定应依据农村经济发展的不同阶段，按近期、中长期分项制订实现经济效益、生态效益及社会效益协同发展的规划目标，目标既要先进可靠又要切实可行。

（5）实现生态农业总体规划目标的基本途径。实现生态农业总体规划目标的基本途径是指说明当地实现总体规划目标所制订的各项发展模式及方针政策。特别要对当地的产业结构、投入产出结构、生物种群、食物链结构以及用地结构加以调整，优化生态经济功能。

（6）年度实施计划。包括近、中期每年落实规划的年度计划，要与当地生态农业建设合同要求相吻合。

2. 子系统规划　在总体规划制订的同时，还要将目标分解，制订与之相配套的各个子系统规划。它既受到总体规划的指导和约束，又能丰富、补充和完善总体规划。子系统规划组成与总体规划基本一致，但比总体规划更具体，更具针对性和可操作性。其中行业部门的子系统规划包括种植业、林业、畜牧业、水产业、水利、水保、环保、工业等专业性设计，要求有一定的深度；地方子系统规划应在生态农业分区基础上，按分区开发原则进行，它包括乡（镇）、村（场）、户等各级低层次系统设计，要求依据所在功能区特点进行设计。要在总体优化的基础上，保证各子系统之间的良好匹配、相互套接，发挥交融作用。

总体规划、各子系统规划以及每年落实规划的年度实施计划组成了一个区域生态农业规划的完整的网络系统。

（1）行业生态农业规划。要通过以各行业为主体的子系统规划加以分解，并根据生态农业试验区的条件，选取有利于改善试验区经济发展的自然生态环境、实现经济与生态良性循环的宏观工程项目，调动各行业各部门的力量进行生态农业建设。主要的生态农业工程项目包括以下几个方面：

① 以建设高产稳产农田为目标的农田生态建设工程。

② 以治理水土流失、土地沙化等为主的生态环境综合治理工程。

③ 以林果业建设为主的农林复合系统建设工程。

④ 以水面及湿地资源开发为主的种养结合型水面综合开发建设工程。

⑤ 节能、增能、多能互补的能源综合开发工程。

⑥ 以沼气为纽带的物质循环利用能源生态工程。

⑦ 以防治“三废”等环境污染为主的环保工程。

⑧ 以农副产品加工利用为主的加工业发展工程（包括食用菌开发等）。

⑨ 庭院经济工程等。

（2）分区生态农业规划。分述当地生态农业建设分区的社会经济、自然资源特征，指出各分区的发展目标、模式以及该地区所采取的主要生态农业技术措施和产业结构调整比例。在此基础上应进行典型乡（镇）、村（场）各级低层次系统优化设计，保证各子系统规划的良好匹配，使条、块协调配合完成总体规划的发展目标。行业及分区的子系统规划，典型乡（镇）、村（场）的规划，可不作为总体规划内容。

3. 生态农业建设的技术设计　生态农业技术是生态系统的基本原理在农业生产系统中的应用，是指根据生态学、生物学和农学等学科的基本原理及生产实践经验而发展起来的有关生态农业的各种方法和技能。生态农业是把传统农业的合理经验和现代农业的先进适用技术相结合而形成的生态优化技术体系，因此广义地讲，凡有利于农业生态优化并能纳入生态农业体系的技术，均可列为生态农业技术。

生态农业建设的技术设计主要是根据生态农业建设的战略措施、发展模式及相应的工程，因地制宜地选择开发与保护土地、水、生物及气候资源等的相应技术措施，加以组装配套。

4. 生态农业建设的工程设计 生态农业建设的工程技术主要是应用生态学、生态经济学与系统工程等原理，符合特定要求的应用技术作为生态接口，以一种产业为主，带动其他产业的发展，形成农、林、牧、渔、加等产业优化组合的，具有综合功能的特定复合型农业生产体系，以期获得较高的经济、社会、生态效益的现代农业工程系统。该体系强调提高物质循环和能量流动利用效率，在保护自然资源的基础上改善农业生态环境。

生态农业建设的工程技术具有如下的技术特征：①实现可再生资源的可持续利用；②因时因地制宜采取多种技术措施；③自然调节与人工调节相结合；④专业化与多种经营相结合；⑤产品无污染，安全性与高效益相结合。

我国对生态系统的发展与生态工程的建设提出了“整体、协调、再生、良性循环”的理论。1984年马世骏先生给生态工程下的定义为：“生态工程是应用生态系统中物种共生与物质循环再生原理，结构与功能协调原则，结合系统分析的最优化方法设计的促进分层多级利用物质的生产工艺系统。”生态工程除了以生态学原理为支柱以外，还吸收、渗透与综合了其他许多的应用学科，如农、林、牧、渔、加工、经济管理、环境工程等多种学科原理、技术与经验。生态工程的目标就是在促进良性循环的前提下，充分发挥物质的生产潜力，防止环境污染，达到经济与生态效益同步发展。我国生态农业工程虽然起步晚，但是发展很快，特别是在生产实际的应用中取得了长足的进步，并取得了较大的成绩。举世瞩目的五大防护林生态工程——“三北”防护林体系、太行山绿化工程、海岸带防护林体系、长江上中游防护林体系和农田林网防护林体系等，对防风固沙，减少地表径流，改善保护区内农田小气候，促进农业增产及多种经营，产生了良好的效益。

我国生态农业工程有独特的理论和经验，研究与处理的对象不仅是自然或人为构造的生态系统，更多的是社会-经济-自然复合生态系统，这一系统是以人的行为为主导，自然环境为依托，资源流动为命脉，社会体制为经络的半人工生态系统。其结构可以分成为3个主要集合：核心圈是人类社会，包括组织机构及管理、思想文化、科技教育和政策法令，是核心部分，称为生态核；内部环境圈包括地理环境、生物环境和人工环境，是内部介质，称为生态基，常具有一定的边界和空间位置；外部环境圈，称为生态库，包括物质、能量和信息以及资金、人力等。

（二）生态农业规划目标及指标的分解与落实

在层次分析的基础上，制订总体目标及分目标，即目标树。总体规划目标要通过子系统规划加以分解，只有这样才能实现规划目标。

一般来讲，只有在与子系统规划相互匹配的条件下，才会有较好的总体规划。产业结构规划包括农、林、牧、渔等多产业的结构模型设计。如农业子系统规划涉及种植业种群结构，要注意各作物组分之间及其林、牧、渔产业间的协同适应性，在此基础上提出相应的用地比例、劳动力配置结构、投资结构等，这样才能建立起实现农业生态系统良性循环的复合结构。

（三）生态农业规划方案的分析、评价与优化选择

生态农业总体规划方案的分析、评价与优化选择是对多种方案进行利弊和条件分析与评价，通过优选与决策确定可实施的规划方案。即在综合评价的基础上，组织有关专家、当地

决策者和实际工作者，根据方案分析、评价、论证的结果，做出科学的决策，选择最佳方案。主要包括：

（1）自然资源利用评价，如合理利用资源、保护资源等。

（2）生态环境评价，如环境污染、农业生态平衡等。

（3）技术评价，如采用的农业技术先进性、可靠性、适用性等。

（4）经济评价，主要着眼于项目的成本和效益，以便于紧缺资源的替代使用。

（5）社会评价。

（6）规划方案的风险性评价。

（四）生态农业建设的保障措施

（1）制定配套政策：介绍当地为保证综合规划的实施所制定的相应政策法规及其主要内容，如资源保护政策、资源开发政策等。

（2）强化组织领导：介绍当地生态农业建设的主要领导组织工作，如成立生态农业建设领导小组，组织生态农业技术顾问组，领导班子建设，规划目标的管理、执行、监督等。

（3）强化投入规模：即生态农业建设的投入增加情况，包括劳动力、资金、科技等。

（4）其他保证措施：包括建立与生态农业建设相适应的信息交流、流通与配套服务体系以及监测评价系统等。

（五）生态农业规划大纲的基本内容

（1）规划区域的基本情况，生态经济系统结构、农业生态经济系统的功能特征及存在的主要生态经济问题。

（2）规划区域生态农业建设的指导思想、发展方向、战略目标及生态农业工程项目、经营模式及结构优化模型。

（3）规划区域生态、经济、社会三大效益指标及效益分析。

（4）生态农业建设的主要领域，如产业结构优化、生态农业产业化设计、生态农业工程建设项目、生态农业模式及分区模式与配套技术、生态文化建设等。此部分是规划的最主要部分。

（5）关于实施生态农业建设规划经费概算及效益分析。

（6）实施生态农业建设的对策措施及生态农业试点建设与推广。

（7）各行业制订的子系统生态农业建设规划（或计划），将生态农业建设战略目标分解落实到各行业生态工程项目中加以实施；依据生态农业分区，制订各生态经济类型区、乡（镇）、村级不同规模层次的生态农业规划，使规划各指标分解落实。

（8）提出贯彻落实生态农业规划目标的具体措施及分阶段完成的计划。

三、生态农业建设分区

（一）生态农业建设分区的目的和原则

生态农业建设分区是根据自然环境的生态规律、区域生态经济关系及农业生态系统结构功能的类似性和差异性，在对区域系统资源、环境、社会发展概况做全面调查的基础上，运用定性与定量相结合的方法，在整个区域范围内划分不同生态农业建设类型区，以实现环境与经济协调发展为目标，因地制宜地在各生态农业建设类型区确定生态农业发展方向、模式及关键措施。

1. 生态农业建设分区的目的　生态农业建设分区的目的是为制订区域生态农业规划及分类，并为指导不同区域进行生态农业建设提供科学依据，在统一规划与合理布局的总前提下，充分发挥生态农业建设区资源、环境、地域优势，协调当地农村经济发展和环境保护以及资源开发利用的关系。

生态农业建设分区一般以县级、乡（镇）级为主，村级、户级参考上一级行政单位生态农业建设区划。

2. 生态农业建设分区原则

（1）资源开发利用方式与生态环境保护方向一致性原则。

（2）生态农业系统环境结构和功能一致原则。

（3）生态农业发展方向与生态农业模式及采取的技术措施协调一致的原则。

（4）保持一定行政区划完整性原则。

（二）生态农业建设分区的指标体系

建立生态农业建设分区指标是进行生态农业建设分区的基础工作。所设置的区划指标既要反映农业生态系统的基本特点和规律，又要反映农业生态系统的主导因素。

从农业生态系统结构、功能出发，建立的生态农业建设区划指标，应力求使所设置的指标、计量范围、统计口径和含义解释及计算方法协调一致。分区指标建议如下：

1. 资源环境条件指标组　资源环境条件指标主要包括：海拔高度、坡度、地理纬度；土壤有机质含量、土壤肥力、土地资源利用程度；平均日照时数、年辐射总量、平均降水量、≥10 ℃有效活动积温；地下水和地表水蕴藏量、水资源利用程度；资源承载能力、根据区域环境资源条件预测的该区人口最大容量；农业人口、农业劳动力数量；每公顷农用地机械功率数；每公顷农用地耗电量；每万名农业人口拥有农技人员数；人口密度；人均土地面积；人均耕地面积；人均水资源量；人均工农业总产量；人均粮食及水产品、畜产品产量；人均生活用能。

2. 生态经济结构指标组　生态经济结构指标主要包括：作物（粮食、经济、饲料）播种面积比例；种植业用地（草地、林地、农田、水域）面积占总土地面积的比例；草食动物占总畜禽数的比例；有机能、无机能投入占总投入能的比例；种植业、林业、牧业、渔业及农副产品加工业产值各占总产值比例；从事种植业、林业、牧业、渔业、农副产品加工业劳动力数各占总劳动力数比例；投入种植业、林业、牧业、渔业、农副产品加工业资金各占总投入资金比例。

3. 功能效益指标　功能效益指标主要包括：初级生产光能利用率、系统能量置换率、主要作物产量变化率、主要可再生资源更新系数、森林覆盖率、生态破坏（水土流失、土壤盐渍化、沙化）面积变化率、“三废”污染变化率、系统价值产投比、土地生产率、劳动生产率、工农业总产值增长率、人均纯收入、系统商品化程度、合同计划完成程度、初中以上文化人数占总人口比例、人口自然增长率、人均粮食占有量增长率。

（三）生态农业建设分区方法及命名

1. 分区方法　生态农业建设分区主要是采取根据地理方位、地貌类型、主导生产类型并与当地行政区域有机结合的方式进行确定。

2. 分区命名　生态农业建设分区的命名既要体现各分区的基本特征，又要体现农业生态系统结构功能的特点，主要采用三段复合命名法，即地理方位、地貌类型加主导生产类型。其中地貌类型是指平原、水域、丘陵、山地、高原等，主导生产类型是指农区、牧区、农牧结合区等。

四、区域生态农业工程建设设计方法

区域生态农业工程是将生态农业规划目标转化为现实，达到生态农业建设最终目的的一项主要工作。

区域生态农业工程建设设计主要包括两个方面内容：生态农业工程项目选择应遵循的原则和项目的综合评价。

（一）生态农业工程项目选择应遵循的原则

1. 近期效益与长远效益相结合　既要选择近期易见效的“短、平、快”项目，又要注意具有长远效益的工程，解决好宏观生态环境的调控问题。

2. 善于调动农民的积极性　选择与农民群众关系紧密、见效快的项目，充分调动农民发展生态农业的积极性和热情。

3. 因地制宜　根据各地的自然生态环境和经济水平，因地制宜，扬长避短，发挥地区优势。

4. 寻找突破口　以当地约束农村经济发展又是生态环境的薄弱环节为突破口，寻找当地影响自然资源开发并转化为商品优势的薄弱环节，将其作为打开生态农业建设局面的突破口和着眼点，调动各方面的力量，围绕总体目标进行生态农业建设。

5. 注意资金来源的可行性　要建立和完善以农民为主体的生态农业投资机制，引导农民尽可能将一部分积累转化为再生产资金；金融部门要实行投资倾斜，重点投向生态经济效益好、发展潜力大的产业和项目；地方财政每年要安排一部分启动资金，扶持生态农业中的重点项目和重点环节的建设。

（二）生态农业工程项目的综合评价

1. 生态农业工程项目综合评价的含义　生态农业工程项目综合评价是在综合规划的基础上进行的。评价内容包括农田水利基本建设、种植业高产开发、林果业基本建设、畜牧业基地建设以及水产养殖等。生态农业工程项目综合评价是参照国内、国际有关规程和评价方法，通过建立数学模型，运用计算机等分析手段，对可选的生态农业工程项目，分别对经济效益、社会效益进行计算和评价，从中选出投资少、见效快、易于执行的项目作为全区生态农业建设的近期目标。

2. 生态农业工程项目综合评价的原则

（1）生态、经济、社会三大效益相结合。生态农业是功能协调互补、循环再生、高效低耗、系统稳定持久的良性循环农业。追求整体功能建全，生态、经济和社会效益最佳，既是生态农业建设的重要目标，也是综合评价的重点。

（2）静态评价与动态评价相结合。对生态农业的各个系统功能效益不仅要进行静态的现状评价，而且要通过动态评价揭示系统功能的发展趋势，分析其结构的稳定性和应变力。

（3）定性分析与定量分析相结合。为客观、准确、全面地把握生态农业发展的现状和未来，从数量、质量、范围、时间等方面应做出量的规定，得出较为真实、可靠、准确的数据。对少量难以定量、难以计价或难以预测的指标或因素，则采用定性分析法，在充分占有数据资料的情况下，进行客观公正的评价。

（4）近、中、远期指标相结合。为准确评价其预期效益，把生态农业工程项目大体分为三个阶段，即项目基期、执行期和后期。项目基期选在项目实施的前一年，评价内容包括资源基础、经济发展水平、农民收入状况、生产技术条件等，对人力、资金、资源、技术、市场、管理等诸多生产要素进行充分的估计，为确定开发项目和开发方向提供可靠的依据。项目执行期即项目实施过程，根据生态农业建设的需要和可能，对项目开发规模、实施进度、目标实施、优势与劣势、项目效益等，进行系统评价，力求使项目在资源上可行、生产上适用、经济上合理、效益上最佳。项目后期即项目收益期，对项目预期的经济、社会、生态效益进行全面评价，力求全面反映项目在未来时期的整体作用与效果。

五、生态农业建设分区的优化生产模式设计

（一）区域生态农业建设模式设计

1. 空间资源利用型模式

（1）农与林多层次平面套作间种，构成农林、林粮、林药、林草、林菌等生产系统。

（2）山地丘陵区林果、粮、水产垂直分层生态系统，共同构成“立体种植模式”。

2. 生物共生、互生应用型模式

（1）林农草防旱、御风、保土的互生系统。

（2）稻渔互生系统。

（3）食物链共生系统，包括：以种植业原料为主体的多级生产；以畜禽即牧业原料为主体的多级生产；以林、牧、特产原料为主体的山地多级生产；以海洋、淡水养殖业原料为主体的多级生产系统。

（4）物质循环再生的多级生产系统，包括农工、林工、草工的联合多功能生产系统工程，如：实行农牧结合发展饲料工业，促进粮食即畜产品的转化；林木与农副产品结合开发纤维加工，提高林产品的经济效益；农副产品与牧副产品结合，开发“废物”利用加工及生物能源的生产体系。

（二）区域生态农业建设模式确定的原则

1. 资源条件 选择生态农业的经营模式要注意在生态环境和资源条件上具备典型性及代表性。

2. 经济条件 注意选择那些经济条件许可或在生态建设方面有一定基础或条件较成熟的地区，而且依靠自己的力量能够实现的经营模式。

3. 具备一定的技术条件 推广生态农业经营模式一定要强化生态农业建设中的科技投入，要注意建立配套的科技体系，包括农业技术推广体系、农业技术培训体系、农业生态环境监测体系等，运用生态工程技术探索完善各种生态农业经营模式。

4. 空间地理位置 空间地理位置也是选择生态农业经营模式应考虑的重要方面，位置的差异会带来经济利益的差别，所需要的生产过程中劳动力耗费也不同，因此应注意因地制宜。

六、生态农业建设的技术组装

（一）生产结构及用地构成的调整技术

要优先加强种植业（包括饲料和林草种植）的发展，同时要根据资源优势和市场条件配备规模适当的养殖业，加工储存业，交通、贸易和其他服务性产业，使资源得到多层次利用

和循环增值，利于区域经济良性循环和可持续发展。

（二）合理利用土地资源

选用各种合理利用土地资源、加强农业生产内部循环的先进技术，改善利用布局，通过农林牧结合、多种经营、多产业配套的综合技术，维持和提高土壤肥力及土地利用的多样性，提高抗灾、应变能力。

（三）发展病虫害综合防治技术

因地制宜发展病虫害综合防治技术，减少对化学农药的依赖，提高农副产品质量。

（四）农村能源综合建设

推广以沼气为纽带的充分利用太阳能、风能及生物能的农村能源综合建设，开发推广畜禽粪便、秸秆等农副产品的综合开发利用。

（五）推广庭院生态经济技术

充分发挥当地富余劳动力在经济发展中的作用，并充分开发利用庭院的立体空间，发展多种经营，增加农户收入。

（六）我国生态农业建设的主要技术构成

（1）发扬我国传统农业技术精华并通过与现代农业技术有机结合，改变农业生产力低的状况。

（2）因地制宜地引进并优化组装现代农业技术，在注重其先进性的同时，更要重视其适用性、技术间的协调性和总效果的协同性。因地制宜就是根据当地资源条件、气候条件、生产条件乃至生产和生活习惯条件来具体决定采用怎样的模式、画什么样的蓝图。资源条件主要指自然资源条件，地形、地貌、坡度、土层厚薄、酸性土或盐碱地、土壤肥力、水源有无等都是考虑的依据。山区固然和平原不同，即使同处山区由于坡度、土层厚薄、土壤酸度不同，不仅适宜的作物不同，水土保持的关键措施也不一样。

（3）开发资源再生、高效利用及无废弃物生产的接口技术，用以促进农业生态经济系统的良性循环。

生态农业技术组装在我国已有很多成功案例，如山西省闻喜县、山东省五莲县、黑龙江省拜泉县（表3-4）。

表3-4　生态农业技术组装与应用实例

主要生态农业技术	山西省闻喜县	山东省五莲县	黑龙江省拜泉县
立体种养技术（山地、丘陵、坡地）	柿树盖顶，榆树缠腰，枣树护埝，桐树和果蔬做底并间种粮、经济作物，配以畜禽等	山顶陡地山楂坚果，山腰缓坡果树梯田，地堰田间隙地发展编条业	坡上林-粮、林-草间作，沟头插柳修谷坊，坝内养鱼鹅，坝外稻田和牧场
提高光热水气资源利用效率技术（农田、庭院）	冬季拱棚蔬菜生产，玉米棉田套种蘑菇等	地膜覆盖，间作套种	地膜覆盖间作套种，庭院温室大棚相结合的蔬菜种植等
物质良性循环利用技术	小麦-苜蓿-黄牛，薯类-粉业加工-粉渣育猪-粪经沼气池还田	养鸡猪，粪入沼气池，渣养菇、液肥田，粮制酒，糟喂猪，粪经沼气池还田	粮草养牛，奶肉皮加工一条龙，甜菜亚麻大鹅种养加系列化无废物生产

第三节　不同级别生态农业的规划

一、县级生态农业的规划

县是我国政权的重要单位，是我国农业经济活动的基本地域单元，它具有行政职能与经济功能的相对独立性。从行政区划的角度，它能够充分调动自身拥有的经济实力和运用政策等措施，发挥对生态经济系统的调控能力；从自然区划的角度，它是具有一定规模和特点的自然群体，是宏观与微观的结合部。因此，以县为单位加速生态农业建设具有十分重要的意义。

（一）制订县级生态农业规划的目的

制订县级生态农业规划是我国县级生态农业建设的基础工作，只有制订出一套科学、完整、实用的县级生态农业建设规划并积极实施，才能使领导者的决策转化为广大干部、农民的具体实践，实现农业可持续发展的有序管理，使我国农业逐步走上经济效益、生态效益和社会效益共同提高的可持续发展的生态农业道路。

（二）县级生态农业规划的指导思想

（1）从农业生产现状出发，遵循生态学、生态经济学原理及建设生态农业的各项要求，运用系统工程学方法及区划成果，制订总体规划，以便对一个县行政管辖范围内的农业生态经济系统的长期发展做出战略部署。

（2）规划应以经济建设和环境建设为中心，以社会调控为保障，通过政策引导、科技驱动，有效地开发县域农业资源，合理配置农业生产力，使县域农、林、牧、渔等在地域分布上协调组合，产业结构优化，保护良好的生态环境，建设整体功能较强、经济发达、环境优美、文明富裕的新农村。

（3）规划必须把长远利益与近期打算统一起来，把发展农村经济同保护生态环境结合起来。

（三）编制县级生态农业规划的程序与方法

制订生态农业规划是一项科学性较强的工作，它不同于一般的工作规划，需要动员各方面的力量，利用大量数据资料，进行归纳分析，反复论证，并形成决策性文件。

一般来说，制订生态农业规划应包括以下几个阶段与过程：

1. 成立规划编制组织　一般由当地政府分管的领导主持，由发展改革、财政、农业、环保、林业、水利、规划、经管、科技等部门的具有一定理论和实践经验的专业技术人员组成规划工作小组，拟定规划工作计划，分工合作。

2. 调查研究　调查研究主要是弄清该地区的自然环境、社会经济、环境及资源状况、人口及其素质等，并将农业经济发展的优势、劣势及潜力找出来。

调查研究应全面收集区划资料及农业、林业、水利、土壤普查资料，调查自然资源、社会经济、经营活动及各业生产水平、存在的问题，为编制规划提供基本依据。

（1）自然环境状况及资源状况，主要包括：地理、地质类型及特征；气候及水文状况；土壤类型、土壤肥力状况；动植物种群状况；林、草、水面分布及面积；各种自然灾害状况；土地碱化、沙化及水土流失状况；水体、大气、土壤污染状况等。

（2）社会经济调查，主要包括：行政区划、人口、劳动力、产业布局；历年各业生产总值、固定资产、人均收入、消费水平等；农、林、牧、渔等生产调整情况及目前发展状况；工业发展及“三废”排放与治理状况；土地利用情况；农田水利情况；能源结构状况；农药、化肥使用情况等。

3. 县情分析　根据所能收集到的自然、区划、生态、人口、经济、社会等方面背景材料，进行定性与定量相结合的县级生态经济系统的诊断，分析本县各子系统的组成、结构、功能的动态变化，找出本县发展生态农业的有利条件和制约因素，并通过现状评价，提出建设生态农业县的必要性、迫切性及可能性。

在认真分析研究影响全县生态、经济、社会发展的制约因素及其相互关系与系统发展趋势预测的基础上，确定出这些因素在系统发展中的地位和作用，找出影响县级生态经济系统结构优化的关键因素、从属因素，结合资源优势及发展生态农业的有利条件，正确提出建设生态县的主攻方向、相应的目标及构成要素。

4. 生态规划

（1）总体规划。

① 在前一阶段工作基础上，采取领导、专家和群众相结合的方式，利用系统工程方法，按生态经济学原理进行县级生态农业的总体规划。总体规划要确定县级生态农业建设的内容及战略措施，其中包括适应本县合理利用及开发资源的总体结构，各产业发展重点。

② 确定发展目标，包括总的生产建设目标、总的经济发展目标、总的资源开发利用目标、总的生态环境目标、总的生活水平目标等。

（2）制订子系统规划。部门子系统规划主要包括种植业、林业、畜牧业、水产业、加工业等专业性的优化设计；地方子系统规划包括乡（镇）、村（场）各级低层次系统优化设计。

（3）在生态农业区划基础上，确定分区开发的生态农业发展方向及相应配套工程。

（4）建立适合当地条件的生态农业经营模式。模式的确定要坚持以下四个原则：

① 提高光能利用率和充分利用生态位原则。

② 景观生态学原则。

③ 顶级群落原则。

④ 物质循环利用再生原则。

（5）生态农业建设的技术配套设计。主要包括：

① 立体农业技术。

② 有机废弃物的多层次利用技术（秸秆综合利用、鸡粪养猪、粪便生产沼气）。

③ 种、养、加结合，相互促进技术。

④ 共生互利工程技术（稻田养鱼，农林间作，玉米田种木耳、蘑菇等）。

（6）确定生态农业建设的保障体系。主要包括：

① 组织保障体系。

② 政策保障体系。

③ 资金保障体系。

④ 技术保障体系。

⑤ 法制保障体系。

（四）县级生态农业规划的实施

（1）在规划实施之前，除了要进行专家论证以外，还需要通过地方政府及人民代表大会的审议和批准。

（2）组织实施生态农业规划的队伍。

（3）依托基地、选项经营是实施县级生态农业规划、整治与开发县级国土资源工作的一项重要途径。

（4）户及专群（专业技术人员与人民群众结合）承包小流域治理是水土流失严重地区生态环境建设、开发土地资源的重要措施。

（5）建立健全县级生态农业建设的保障系统。

（6）强化生态农业建设中的科技投入。

（7）搞好各种生态农业分区及经营模式的生态农业试点。

（五）县级生态农业规划中应注意的问题

（1）生态农业规划必须重视市场的调研工作，并时时以市场为导向，这样才能达到经济效益、生态效益和社会效益俱佳的可持续发展目标。

（2）对已经设计的多种方案进行利弊和条件分析与评价，通过优选与决策，确定可实施的规划方案。主要分析评价的内容包括：是否合理利用资源、保护资源，是否有利于生态环境改善等；采用的农业技术先进性、可靠性、适用性及生态合理性，项目的成本和效益是否经济合理、是否有利于紧缺资源的替代利用。此外还应评估规划实施后对社会的公平性和规划方案实施的风险性。在综合评价的基础上，组织有关专家、当地决策者和实际工作者，根据方案分析、评价、论证的结果，做出科学的决策，选择最佳方案。

（3）数据的可靠性是分析结果可靠程度、设计是否合理可行的前提。指标数据主要来自统计部门。应在搜集各部门现有资料的基础上，深入调查、考察，对有关数据进行相应的修正。

（4）由于价格、土地利用、规划体制等的变化，农业生产过程的季节性、地域性等特点，规划设计中必须将定量方法与定性方法相结合，才能做出符合实际的决策及相应可行的实施措施。

（5）强化能力建设，增加技术、资金投入是实现生态农业建设的保证，这就要求在规划中重视完善县内各级生态农业建设宏观调控体系、技术服务体系、资金保证体系、政策法规等内容。

最后，作为政府文件，规划的文字必须明确、简练。说明性的文字及解释性内容可放在规划说明中，不应在规划中出现。

二、生态村（场）的规划

（一）生态村（场）项目选择

创办生态村（场）的根本目的不仅在于获得自身的经济效益，更重要的是要通过自身的成功，增强村（场）的总体功能及经济、生态和社会效益。

（二）良性循环生产模式的设计

设计良性循环的生产模式，将各经营项目有机组合与套接。一般情况下，可对村（场）原有生产模式加以改造，实现生产上的良性循环。

(三) 以林业为主的生态村 (场) 在制订生态农业规划中应侧重的内容

1. 林业发展目标 林业发展目标包括森林覆盖率、林种结构、龄级结构、用材林目标蓄积量、活立木总蓄积量以及农村薪炭林用量等。

2. 规划应以造林、营林为主 规划应包括造林更新、幼林抚养、封山育林、抚育间伐、成林抚育、林分改造及森林主伐等，并应针对林区防火、森林病虫害、多种经营与林产品综合利用进行全面设计。

3. 纯林经营类型设计 这是实行定向培育和营林技术的设计标准。

三、家庭生态农庄的规划

家庭生态农庄是由普通农户演化而成的，它在家庭生产经营中，能充分利用所具有的生产条件和自然资源，生产社会所需要的多种产品，并获得较好的经济效益；同时在生产过程中，又能确保各生产项目互相协调，配比合理，使该系统对环境和资源既能充分利用，又能积极保护。

(一) 家庭生态农庄生产项目的选择

(1) 列出备选项目。

(2) 对备选项目进行经济及生态分析。

(3) 确定在生产上可行、经济上合算、生态上合理的生产项目。

(二) 家庭生态农庄的设计与组建

家庭生态农庄的设计包括设计生产良性循环的食物链结构，建立与该项目相适应配套的生产技术体系等。家庭生态农庄设计要能引导家庭生态农庄注重经营结构的多样化，确保生产项目既有利于充分合理利用资源，又有利于保护生态环境。

案 例

江苏现代畜牧示范园（江苏田园牧歌景区）项目规划

一、项目分析

(一) 现状分析

江苏现代畜牧示范园（江苏田园牧歌景区）位于长江下游北岸、长江三角洲北翼、上海都市圈的中心城市泰州市。该园建设于泰州农业综合开发区内，总投资 3.5 亿元，占地 100 hm^2，是国家级优秀示范性（骨干）高职院校——江苏农牧科技职业学院的产学研基地。园区以服务"三农"为宗旨，突出科技创新、人才培养和示范引领，着力在发展现代农业中发挥高等院校的科技支撑作用。

(二) 区位分析

江苏现代畜牧示范园位于泰州市东北郊，启扬高速公路泰州北出口处，毗邻泰州秋雪湖风景区，与 5 A 级溱湖国家湿地公园、4 A 级凤城河风景区分别相距 20 min、15 min车程，地理位置优越，交通便利。

（三）资源分析

1. 生态资源 园区可进行体验开发的生态资源非常丰富，主要有国家级水禽种质资源基因库、国家级姜曲海猪保种场、江苏省宠物繁育中心，可在此基础上开发宠物表演、特禽观赏、农产品开发等项目。另外园区建于泰州市农业开发区红旗农场内，其土地肥沃，湖面河道交错，植被丰茂，果蔬种类丰富，生态环境优越，为休闲农业主题创意表达提供了条件。

园区内虽然拥有多样化的生态资源，但资源多而杂，缺乏有序性，需要对其进行有效地规划设计，并打造出独特的农业旅游产品。

2. 文化资源 江苏现代畜牧示范园是江苏农牧科技职业学院的产学研融合基地，具有浓厚的畜牧文化底蕴，故可以畜牧文化为主题对园区进行合理开发利用。同时，应充分挖掘里下河独特生态文化和民俗，增强景区文化内涵的竞争力。

（四）市场分析

随着城乡经济的发展和人们生活水平的提高，近年来都市休闲游成为热点，人们亲近自然、感受自然的需求持续增长。观光休闲农业在我国取得了长足的发展，相继出现了多种类型的开发运作模式，吸引了大批短途休闲的都市人群。泰州也不例外，现在人们的生活需求更加丰富，追求多元化、立体化的生活方式，减轻工作压力、调节生活平衡的愿望与日俱增。

泰州旅游业发展迅速，吸引了大量游客，截至 2015 年 11 月接待国内游客 1 848.68 万人次，增长 12.7%；实现国内旅游收入 213.63 亿元，增长 14.7%。全年入境过夜游客人数 3 万人次，增长 12.5%；创汇 0.28 亿美元，增长 20.0%。在 2015 年泰州旅游节期间，全市主要景区、星级酒店接待游客达 154 万人次，住宿、餐饮、购物等营业收入突破 1 亿元，同比分别增长 40%、30%。可见泰州市的旅游市场很大，且前景广阔。

另外，要推动建立泰州市各旅游区域结盟运营机制，将江苏现代畜牧示范园与桃园、梅园、望海楼、泰州秋雪湖风景区、5 A 级溱湖国家湿地公园、4 A 级凤城河风景区等联结为一个整体，建立更为丰富的旅游线路和体验项目。

二、项目发展定位

（一）总体定位

畜牧文化是景区休闲农业体验设计和开发的核心要素，景区通过主题演绎、场景营造、活动支撑 3 个途径来对休闲农业中的畜牧文化进行表达，力求让游客从感官体验、娱乐体验、情感体验、教育体验方面获得独特而多元的体验经历。

（二）目标定位

（1）国家级 4A 级景区。

（2）全国休闲农业与乡村旅游五星级企业。

（三）市场定位

景区展示畜牧文化、生态文化和农耕文化，销售定位于休闲度假、生态旅游、科技观光，目标游客是都市人群。从产品、价格、渠道、促销、人、有形展示和过程方面做好“7P营销策划”。

（四）形象分析

江苏现代畜牧示范园作为“长三角”地区重要的休闲农业园区，定位于畜牧、生态、农耕文化旅游。

（五）发展策略

1. 着力构建科技为农服务新机制　园区以江苏农牧科技职业学院为依托，构建集生产、教学、科研、技术推广于一体的多功能农业示范基地，实施为农服务“五大工程”。2013年江苏农牧科技职业学院与泰州市农业委员会合作，成立泰州市农业科技培训学院，年培训农业实用人才2 000多人次，为泰州现代农业发展发挥了重要科技支撑作用。学院先后获全国新型职业农民培训基地和江苏省现代农业综合科技示范基地等称号。

2. 大力推广助农增收致富新品种、新技术　园区培育出具有自主知识产权的新品种——苏姜猪，建有国家级水禽种质资源基因库，现有水禽种质资源30种、保存良种1万多只、年培育40万～50万只种水禽，可为全国提供良种。园区通过大力推广畜禽良种，推广林下养鸡、养鹅等种养结合新技术，以及畜禽粪便集中收集、干湿分离、粪水发电、粪渣肥田等技术，发展循环农业，为农民提供种养结合示范，带动农业转变结构。

3. 积极探索一二三产融合发展的新模式　推进农牧渔结合、种养加一体、一二三产融合，引导农业转型升级。园区集保种育种、科普、科教、休闲观光、种养示范为一体，延伸产业链，增加附加值，建有国家级水禽种质资源基因库、国家级姜曲海猪保种场、江苏省宠物繁育中心等。现已成为全国休闲农业五星级企业、国家4A级景区、全国科普教育基地、全国青少年农业科普示范基地。

三、项目总体旅游规划

（一）空间布局

依照园林规划设计思路，从园林的实用功能出发，根据生态园地形、地貌、功能区和风景点的分布，并结合园务管理活动需要，综合考虑，统一规划。园路布局依河道而建，联系各景区，主要采用自然式的生态布局，使生态园区景观美化自然而不失庄重，突出生态园农业与自然相结合的特点，既不会影响园内农业生态系统的运作环境，也不会影响园内景区风景的和谐和美观。设计中因地制宜地设置了草原风情园、素质拓展中心、畜牧文化馆、宠物繁育与表演区（宠物表演场、斗鸡场、宠物展销区、宠物保种区、特禽区）、林下草鸡区、蔬菜采摘区、水果采摘区、万竹园、休闲垂钓区、国家级水禽种质资源基因库、国家级姜曲海猪保种场、旅游培训服务区（培训中心区、茶楼、会议中心、宾馆）。

（二）项目分布

景区占地100 hm^2，其中，素质拓展基地20 hm^2，万竹园4.67 hm^2，水果采摘区

3.33 hm^2，垂钓中心 1.5 hm^2，兼有中国畜牧文化展览馆、世界名犬基地、国家级水禽种质资源基因库、国家级姜曲海猪保种场各 1 座；现有以四星级标准建设的宾馆 1 座，宾馆有大小多功能厅 7 个，可容纳 300 人召开会议，400 人就餐，100 人住宿，配有棋牌室和 KTV；景区内水网密集，绿树成荫，自然环境优美，体现出里下河地区“青砖黛瓦，水陌纵横”的风光特色。具体项目分布情况见图 3-1。

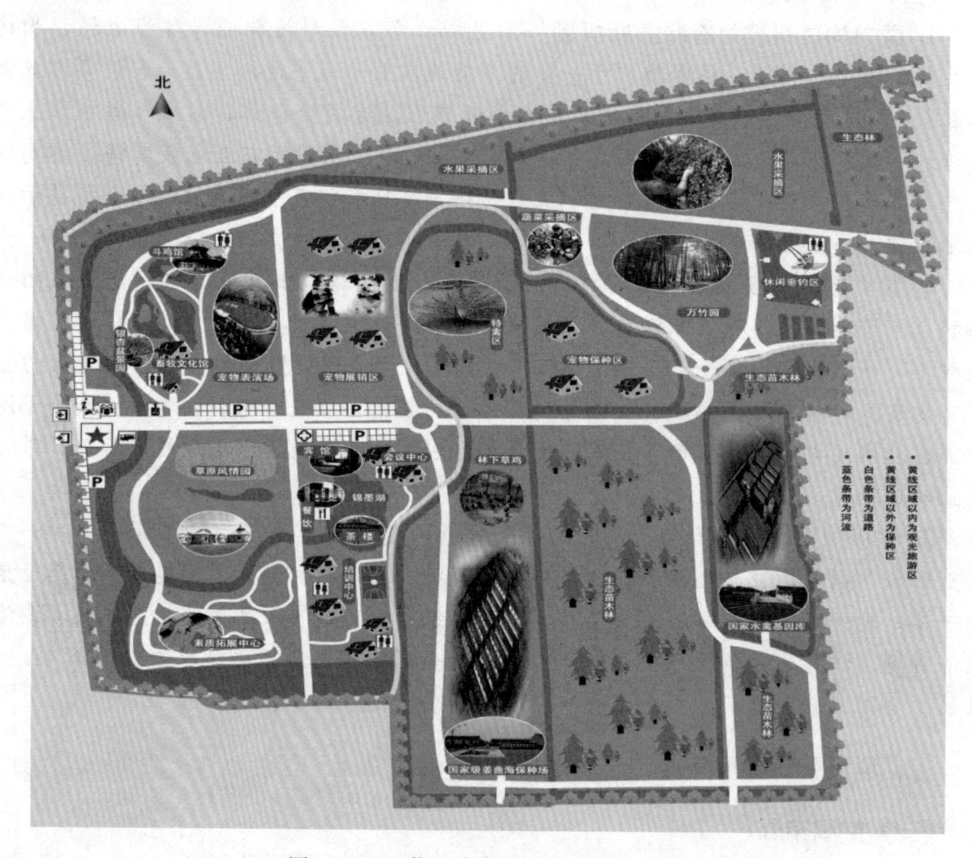

图 3-1 江苏现代畜牧示范园项目分布

四、分区规划与重点项目设计

（一）中国畜牧文化展览馆

中国畜牧文化展览馆是中国唯一畜牧主题展览馆（图 3-2）。展馆内进行全方位场景营造，较好地运用了文物展示、多媒体声光电技术等手段，力求充分展现畜牧文化中的动物驯养、家畜选种、农耕生产、农家养殖等核心内容，综合运用声光电技术再现中国里下河地区湿地动物饲养场景，还运用虚拟场景技术设计游客参与的“小鸡孵蛋”“小鸭喝水”“小猪吃食”等情景游戏，让游客从感官体验、娱乐体验、情感体验、教育体验方面获得独特体验。

图3-2　中国畜牧文化展览馆展馆内场景

（二）国家级姜曲海猪保种场

姜曲海猪是在农业农村部备案的江苏省优良地方猪种（图3-3），国家级姜曲海猪保种场承担着国家的保种任务。该猪头短，耳中等大小，体短腿矮，腹大下垂，耐粗饲，饲养周期长，胴体瘦肉率42.27%。姜曲海猪肉肉色鲜红，肌间不饱和脂肪酸丰富，肉质鲜美，风味独特，正所谓是“一家食肉满街香”。江苏现代畜牧科技园对姜曲海猪及培育的新品系苏姜猪（图3-4）进行了开发，注册了“周博士”商标。其系列产品在苏中地区乃至整个江苏风靡一时，已是馈赠亲友的高档礼品（图3-5和图3-6）。姜曲海猪及其新品系苏姜猪猪肉由于味道纯正、口味独特，现已成为江苏泰州地区饭店、餐馆的特色菜肴。

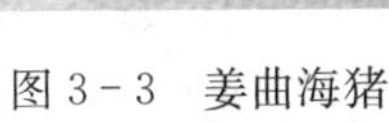

图3-3　姜曲海猪

图3-4　苏姜猪

生态型猪舍为砖木结构，主要由太阳能温室、微型沼气地炕、猪舍、蔬菜区等部分组成。其猪舍的前拱架用竹木搭成（或用钢筋水泥砌成），冬季用塑料薄膜覆盖，并依靠微型沼气地炕辅助供暖；夏季用葡萄、丝瓜等绿藤类植物遮阴，降低猪舍的温度。

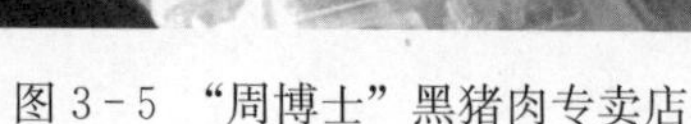
图3-5 “周博士”黑猪肉专卖店

图3-6 黑猪肉产品

在园区中建猪舍养猪，是实现以牧促沼、以沼促果、果牧结合的前提。按每头猪的年排粪量约600 kg计算，养5头猪的年排粪量约3 000 kg，既可满足8～10 m^3沼气池的发酵原料需求，又可以用沼液（渣）代替化肥和农药。

(三) 林下生态草鸡、草鸡蛋生产区

园区根据市场需求和自身优势，大力开展林下生态草鸡养殖，采用散养的饲养模式，饲养周期较长（图3-7）。草鸡觅食能力强，适应性强，抗病力较高，体形适中，皮肤黄，脚细长，青色和黑色脚居多。饲养的林下草鸡肉质细嫩、味道鲜美、富有营养，有滋补养身的作用，绿色无污染，是不可多得的绿色健康食品（图3-8）。

图3-7 林下生态草鸡养殖基地

图3-8 林下生态草鸡

(四) 无公害水果采摘区

江苏现代畜牧示范园种有冬枣、葡萄、枇杷、桃、梨、石榴、无花果等果树，肥

料为畜禽粪污发酵后的沼渣，天然无污染，果实香甜可口。园区还建有专门的水果采摘区 10 hm^2，果实收获季节，游客在感受采摘乐趣的同时，收获满满的喜悦（图 3-9 和图 3-10）。

图 3-9 无公害水果（冬枣）采摘区

图 3-10 无公害水果采摘区

（五）无公害蔬菜采摘区

随着居民生活水平的提高，人们对食品安全问题也越来越重视，园区尤为重视无公害蔬菜种植，建立了多处无公害瓜果蔬菜种植基地，如瓜果长廊（图 3-11）。在种植过程中，瓜果蔬菜不使用农药、染色剂和催熟剂，利用畜禽粪污发酵后的沼渣做肥料，真正是无污染、无添加剂的无公害绿色食品。

图 3-11 瓜果长廊

(六) 优质苗禽区

园区拥有水禽功能区2个：国家级水禽种质资源基因库和江苏丰达水禽育种场。国家级水禽种质资源基因库已培育苏牧一号白鹅（图3-12）、黑羽番鸭（图3-13）和优质肉用麻鸭（图3-14）三个优质鸭鹅品种。江苏丰达水禽育种场主要是将基因库培育的优良鸭鹅品种推向社会（图3-15），带动广大养殖户增收致富。

图3-12 培育的苏牧一号白鹅

图3-13 培育的黑羽番鸭

图3-14 培育的优质肉用麻鸭

图3-15 推广的优质苗禽

(七) 休闲垂钓区

休闲垂钓中心位于园区东北侧，拥有垂钓区域近7 hm^2。园区内水系发达，水量充沛，既可为鱼类提供优质的生存环境，又可保证果园的灌溉用水（图3-16）。这里环境优美，乡土气息浓郁。垂钓以淡水鱼为主，有包括四大家鱼在内的10多种，以禽类粪便饲养，鱼儿肥美营养。有垂钓台20多个，可让游客充分享受垂钓的乐趣（图3-17）。

图 3-16　养殖河道

图 3-17　休闲垂钓台

（八）宠物繁育推广中心及宠物表演场

园区内拥有江苏省宠物繁育推广中心，繁育中心内饲养贵宾、北京、博美、牧羊（图 3-18）、萨摩耶、雪獒（图 3-19）等宠物犬近 30 个品种 200 余只。中心注重犬的选育和防疫，所饲养的犬种品种优良，活泼健康，科学饲养。中心出售的幼犬均经过精心繁育。园区内还依据宠物的特点建有宠物表演场，包括赛狗表演场（图 3-20）和斗鸡表演场（图 3-21）。

图 3-18　宠物繁育推广中心内饲养的牧羊犬

图 3-19　宠物繁育推广中心内饲养的雪獒

图 3-20　赛狗表演场

图 3-21 斗鸡表演场

（九）沼气池

沼气池是生态农业系统的核心，起着连接养殖与种植、生活与生产用能的纽带作用。园区中建有一口 10 m^3 的沼气发酵池，既解决了照明、做饭所需燃料，又解决了人畜禽粪便等废弃物的资源化利用，改善了园区生态环境。另外，沼渣可代替化肥用于果园施肥，提高水果产品含糖量、口感等内在质量和产量，增加经济收入。生态型果园中的沼气池建在果园一端的背风向阳处，既方便使用和管理，又有利于提高池温和增加产气量。沼气池为 10 m^3，建在太阳能猪舍的地下，采用粪便连续厌氧发酵工艺，启动时一次完成投料，运行时自流进出。

（十）新型农民培训中心

园区盖有新型农民培训中心，既可进行新型农民培训，又可提供住宿，以沼气为燃料取暖、做饭。

五、规划小结

本规划从江苏现代畜牧示范园的实际出发，依据农业生态学、经济学、能量学原理，提出的生态农业新模式是以示范园土地资源为基础，以沼气为纽带，以太阳能为动力，以牧促沼、以沼促果、果牧结合，建立起生物种群互惠共生、食物链结构健全、能量流和物质流良性循环的生态农业系统，充分发挥农业系统内的动植物及光、热、气、水、土等环境因素的作用，实现生态农业的产业化和农业的可持续发展。

江苏现代畜牧示范园以市场为导向，立足当地的地域特点和资源优势，按照农业生态学和系统工程学理论，调整和优化农业产业结构，从大农业的整体效益出发，由普通果园单一的果业生产转向“农-畜-沼-果”生态型果园的综合配套发展，逐步形成生态农业的产业规模，实现由粗放经营向集约经营转变，从低效农业向高效农业转变，加速江苏现代畜牧示范园产业化进程，促进江苏现代畜牧示范园经济与环境的可持续发展。

江苏现代畜牧示范园生态果园的沼气系统能为农民所掌握，已经发展成为有利于生态环境保护的农业生产新技术，而且具有良好的赢利能力和投资回收能力，投资风险比较小，应该成为同类地区发展农村区域经济、农民脱贫致富、实现农村可持续发展的一个重要选择。

【思考题】

1. 简述生态农业规划的原则。
2. 生态农业规划基础工作调查分析的主要内容有哪些?
3. 简述生态农业建设的保障措施。
4. 通过调查走访，确定你所在城市休闲农业园区的规划设计方案。

【学习资源】

田园牧歌景区

田园牧歌景区航拍

江苏茶博园视频介绍

小毛驴农园

CHAPTER 4 第四章 生态农业发展的组织与管理

【教学目标】

1. 掌握生态农业发展组织的作用和特征；
2. 了解生态农业的管理模式；
3. 熟悉生态农业社区管理的涵盖范围；
4. 掌握政府管理生态农业的相关部门和政策；
5. 学会对生态农业发展组织进行分类；
6. 学会对生态农业的管理模式进行分类。

第一节　生态农业发展的组织

一、家庭农场

（一）家庭农场的概念

家庭农场是指以家庭成员为主要劳动力，从事农业规模化、集约化、商品化生产经营，并以农业收入为家庭主要收入来源的新型农业经营主体，农场主本人及其家庭成员直接参加生产劳动。早期家庭农场是独立的个体生产，在农业中占有重要地位。在美国和西欧一些国家，农民通常在自有土地上经营，也有的通过租入部分或全部土地进行经营。

我国家庭农场这种模式是政府引导农民将土地依据法律程序流转到村民委员会，然后由政府支持、村民委员会实施，将耕地整治成高标准基本农田，再由村集体出面将耕地发包给承租者，其中大部分耕地流向有投资能力的家庭农场。农场主可以是集体的代表，可以是农村组织中的成员，也可以是当地农民企业家；农场耕地必须用于农业生产，不能以任何形式转包；农场主吸纳当地劳动力；政府或村民委员会可以专门组建农机专业合作社，为家庭农场提供全程机械化订单作业服务。政府还可成立一系列涵盖产前、产中、产后的社会化服务体系，包括农资服务。可以说这种模式既体现政府的主导作用，也体现了集体的统筹作用，既有效利用了市场主体作用，又保障了农民的利益，是推行和加快生态农业的最佳组织形式。

（二）家庭农场的特征

家庭农场是伴随着家庭承包经营制和农业适度规模经营的发展而出现的新生事物，是农户家庭组织生产的一种高级形式。家庭农场经工商注册具备法人资格，享受法人权利、义务和法律责任；具有一定规模，拥有实现专业化、集约化、商品化等具体生产经营的能力。

1. 农户家庭为主体 家庭农场建设经营者原则上必须是农户家庭，以家庭内部人员为劳动力主要来源，不能以大量长期雇工为主，需要以从事农业生产经营活动为主业，不得将土地用于非农业生产经营，更不能将所经营土地再转包、转租给第三方经营。与企业所有权、经营权、决策权分离不同，家庭农场的经营决策往往形成于家庭内部成员的协商与沟通，家庭成员既是决策者也是实施者，这样可以降低内部的沟通成本和节约交易费用。保持家庭为经营主体，是家庭农场区别于其他集体、国有、股份合作、雇工农场和农业企业的主要特征。

2. 适度规模 家庭农场的主要特征是生产经营需要具有适度的规模。适度规模的确定需要综合考虑以下因素：立足区域自然资源条件、基于地方经济社会发展需求、提升农业生产技术效率、发挥家庭经营优势、保证农场家庭收入与区域内城镇家庭收入基本相当甚至略高、确保农村劳动力均衡充分就业的需求。适度规模的特征是家庭农场与规模化农业企业的主要区别。

3. 集约化生产 家庭农场区别于分散小农户的主要特征，就是在尊重农户意愿基础上，通过土地规范有序流转，将土地、劳动力、技术、资本等生产要素适度集中，实现集约化、专业化生产，有效提高资源利用率、劳动生产率、技术应用效率、资本回报率和劳动报酬。

4. 商品化经营 家庭农场的生产需要较强的市场竞争意识和现代经营管理理念，即以优势资源为基础，以市场需求为导向，选择适宜的品种、规模和技术，以实现增加家庭收入和利润最大化为主要目标，进行专业化、商品化生产经营。这是现代家庭农场区别于传统个体农户的重要特征。

5. 农业收入为主 家庭农场的发展目标是通过专业的生产经营让家庭农场的成员将农业作为产业进行经营，充分利用市场规则和机制来获取劳动报酬，实现利润最大化，成为现代新型职业农民，解决“如何种地”的问题，以解决我国农业的可持续发展问题。

案　例

在2012年度嘉兴市市级示范性家庭农场认定结果中，湘家荡湘滨农场榜上有名，被评为市级示范性家庭农场。湘滨农场占地10多hm^2，有100多个塑料大棚，可以满足大量游客的采摘需要。该农场位于320国道北侧、湘家荡旅游度假区入口区位置，定位为以中高档草莓、蔬菜种植为主，市民农业休闲观光为辅的高标准农业设施生产园区。

家庭农场建设为湘家荡的现代农业发展注入了新的活力，并进一步带动了湘家荡生态循环农业的发展。相关负责人称，家庭农场在进行规模种植的基础上，还积极发展规模养殖业，走农牧循环生态道路，实现了对农作物秸秆、畜禽粪便等农业废弃物的循环利用。

湘家荡拥有128.47 hm^2 水域，水质接近Ⅲ类水标准，非常适合发展洁水生态养殖。在综合区内，农作物耕地排出的肥水注入湘家荡，湘家荡水域则通过放养花鲢、白鲢等滤食性鱼类及种植吸污类水生植物净化水质，再用于农作物灌溉，实现清洁循环用水，同时实现渔业和环境的和谐发展。湘家荡正全面推广无公害农产品的生产技术，严格控制化肥和农药的施用，并加强对农业废弃物的资源化利用，推广鱼塘-河流-农田循环方式、生猪-沼气-有机肥-蔬菜“四位一体”农业循环经济模式。

据了解，自2012年年底，湘家荡省级现代农业综合区顺利通过由浙江省政府办公厅、农业厅、财政厅、林业厅、海洋与渔业局验收组的考核验收，成为嘉兴市第一个、全省第一批验收合格的省级现代农业综合区后，围绕打造“生态循环农业示范区”的目标，提出了“三步走”战略，控制面源污染，着力优化园区生态环境，积极发展生态循环经济。

湘家荡省级现代农业综合区累计复垦土地192 hm^2，建成高标准农田1 133.33 hm^2，该综合区现已形成现代苗木、现代花卉、现代甲鱼养殖和科技孵化产业及休闲观光农业等产业板块，不仅达到了省级综合区建设要求，而且在土地利用、生态农业建设和统筹产业融合发展等方面取得了明显成效。

2013年，为了加快农业分散经营向规模型、集约型发展，湘家荡探索建设家庭农场，引进农业生产经营大户向家庭农场经营模式转变，采用生态循环农业生产模式，农牧结合生产，通过无公害农产品等认证，与超市、配送中心、企业建立订单销售网络，效益比普通经营增长20%以上。

二、农民专业合作社

（一）农民专业合作社的概念

农民专业合作社是以农村家庭承包经营为基础，通过提供农产品的销售、加工、运输、储藏以及与农业生产经营有关的技术、信息等服务来实现成员自愿联合、民主管理的一种互助型经济组织。农民专业合作社以其成员为主要服务对象，提供农业生产资料的购买，农产品的销售、加工、运输、储藏以及与农业生产经营有关的技术、信息等服务。合作社在生产环节能更多地依靠市场行情组织订单生产，避免盲目投资，在流通环节组织农超对接平台，降低物流费用，能有效促进农民增收。

（二）农民专业合作社的特征

第一，农民专业合作社不改变农民最敏感的土地承包关系，不改变农户自主经营权利，农民可以根据生产经营活动的需要参加各种各样的专业合作社；第二，农民专业合作社以服务为宗旨；第三，在组织管理上，实行自愿结合，入退自由，民主管理；第四，在经营方式上灵活多样，独立自主；第五，实行盈余返还，给农户带来实惠，与农户风险共担，利益共享。

（三）农民专业合作社的类型

若按牵头人（单位）的特征划分，目前我国各地组建的农民专业合作社主要有社区集体组织型、农产品加工营销企业型、政府主导型、农村专业大户型、供销社型和其他等6种不同模式。若按主导作用划分，农民专业合作社主要有企业主导型农民专业合作社（具有明显的企业特征）、市场主导型农民专业合作社（主要从事产品或服务的买卖交易）和政府主导型农民专业合作社（具有明显的政府干预甚至主导控制的特点）。

案　例

北京益农缘生态农业专业合作社位于北京市门头沟区雁翅镇青白口村，地处京西生态涵养区“苹果之乡”，海拔320 m，临山环水。依托得天独厚的地理环境与产业优势，合作社以林果业为主导产业，以黄粉虫和粉虫柴鸡（蛋）为特色产品。目前，合作社发展生态养殖园2 hm^2、果树种植45 hm^2、荒山种植金银花6.67 hm^2、林下种植黄芩6.67 hm^2，粉虫柴鸡养殖5万只、黄粉虫养殖2.5万kg；运营5 000多m^2吃住一体的山农客栈。合作社共带动入社成员350户，农户年收入平均提升60%；2015年合作社年终分红80万元，年平均递增30%以上；2016年上半年合作社收入已达800万元，取得了良好的经济和社会效益。合作社以“服务农民增收致富”为主导思想，本着“入社自愿，退社自由”“生产在家，服务在社”“利益共享，风险共担”的原则，实行产前科技辅导、产中现场指导、产后帮助销售，初步形成了种植、养殖、收购、加工、销售一条龙服务的农业生态良性循环。合作社建立了各类章程、内部管理制度和财务管理制度，成立了市场销售部、技术服务部、财务部、巧娘工作室、民事调解部、农家书屋、乡村演出队等职责明确的内设机构。合作社被评为国家农民合作社示范社，基地成为全国巾帼现代农业科技示范基地、农村实用人才实训基地等。

三、“公司＋基地＋农户”

“公司＋基地＋农户”走的是产业化的路子，具体表现形式有农业加工生态园、农业科技示范园、农业生态观光园等。园区是由公司牵头，通过土地租赁、入股等流转形式吸引农民进入园区，建立生产基地，实行农、林、牧、渔综合经营，种养加一条龙，产供销一体化，达到三个效益的统一。

案　例

广西壮族自治区重点扶持的农业龙头企业隆安县金穗农工贸公司成立近10年来，坚持实行“公司＋基地＋协会＋农户”的产业化经营模式，促进了公司的壮大和农民增收，实现了公司与农户双赢。公司年产值达到3 000多万元，被公司租用土地的农户年实现收入16 000元。其运作模式是：一是公司租用农户土地，农户收取地租，并被公司聘用为长期合同工。在双方自愿的原则下，公司以平均每公顷2 250元的价格租用农民的荒地，并聘用被租用土地的农民为合同工。这样，即能让农民得到双份收益，公司的规模也不断扩大。农户收取地租平均每年达到5 500元，合同工年工资收入达9 000元左右，公司经营的土地面积扩大到866.67 hm^2。二是成立香蕉协会，构建利益共同体。由公司牵头，把数百户分散的蕉农组织起来，按统一标准生产、采收和采后商品化处理，统一包装，统一使用同一商标品牌，统一组织协调销售。这使蕉农的纯收入每公顷增加7 800元，香蕉产业化也得到不断提高，目前，公司及其周围的香蕉生产规模已达到667 hm^2。三是培训农民，促进公司与农户种植水平的共同提高。公司定期开展生产技能培训班，邀请专业人员进行现场示范讲解，引导农民逐步转变生产观念，不断提高他们的种植水平，从而增加农民的经济收入。几年来，接受培训农民达30 000多人次。这些受训农民利用最新种植技术，使农产品产量和质量都有了较大提高，每公顷提高效益1 200元左右。

四、中介组织

家庭承包经营下的一家一户生产方式牺牲了农民的组织化程度，农户增产不增收。农民组织化程度偏低成为制约农民融入市场经济的重要因素，其中，农户小规模与专业化、小生产与大市场、分散化与社会化的矛盾显得较为突出。国际经验表明，发展农民专业合作经济组织，不断提升农民组织化程度，提高农民抵御各种风险的能力，逐步引导农民参与市场竞争和获取相对稳定的收益是一种较为理想的现实选择。农民需要可以依托的属于农民自己的经济组织代表农民与市场进行博弈。因此，在众多促进农业发展的因素中，农民组织化程度的高低是增强农民市场竞争力和促进农业发展的决定性因素之一，这已经成为当今世界的共识。

农业行业协会是农业中实行行业自我管理的非营利社团组织，是介于农业市场主体与政府之间的一个社会协调性组织，而不是市场合作经济组织。农业行业协会不直接参与市场竞争，其根本任务不是为了促进协会成员间的经济合作，而是代表协会成员的整体利益。政府应该采取经济、法律和激励政策等手段，规范和支持农业行业协会的健康发展。

案　例

中国林业与环境促进会是由原国家林业局、原国家环境保护总局、中国科学院等单位共同发起，1995年在民政部正式登记注册的全国性非营利社会团体。中国林业与环境促进会致力于团结林业界与环境科学界有关单位和个人，并同经济发展决策部门紧密联系，共同研究林业生态建设，以及合理利用资源和保护环境的理论和实践问题，以促进国家经济的可持续发展。

中国林业与环境促进会业务范围包括组织具有一定理论素养与实践经验的研究人员和工程技术人员，从事下述问题的研究、开发建设，为经济建设与生态环境保护服务：

（1）组织开展国内外林业界与环境科学界学术交流活动，促进国际民间林业界与环境科学界科学技术合作。

（2）为林业、生态、环保、节能等行业的建设与发展服务，组织林业生态建设和环境保护方法的研究以及实践活动，促进社会公益事业。

（3）对行业信息进行统计、收集、分析和发布。

（4）经政府部门授权或相关单位委托，参与和制定行业行为规范和行业行为自律；参与行业规划和行业标准的制定活动。

（5）探讨林业、生态与环保产业及其资源开发的理论与实践，组织行业相关的论坛、研讨会、展览会。

（6）受委托组织行业科技成果的鉴定、相关产品市场的建设和项目推广。

（7）作为连接政府与企业的桥梁和纽带，及时反映会员和行业及相关企业的要求的同时，把政府的政策贯彻到行业企业中去。

（8）普及林业科学知识和环境科学知识，编辑出版相关书刊、学术论文专辑。

（9）承担国家林业、环保主管部门及相关业务主管部门的委托的工作。

（10）为会员和林业、生态、环保工作者服务，反映会员的正当要求，维护会员的合法权益。

五、政府组织

政府在生态农业建设中的作用，一个方面是推进政府在财政支出方面的扶持政策，另一个方面是推进生态农业发展的政策与法律体系的构建。

从纵向发展的态势来看，我国生态农业经过20多年的发展，已经取得了长足进步，逐渐成为农业现代化生产的一种新方式。目前，全国有不同类型的生态农业试点2 000多个，分布在全国的30个省（自治区、直辖市）及4个计划单列市，其中国家级生态农业示范县102个，省级300多个，地市级10多个，还有几个省正在逐步发展成为生态农业省。生态农业试点推广面积超过666.67万hm^2，同时引导20多万生态农业户走上生态致富的道路，而且正以更快的速度在全国发展和推广。生态农业的快速发展产生了较好的经济和生态效益。

从制度上来看，目前中国的有关生态农业的政策和法律存在着诸多体系上的缺陷。其中一个突出的表现就是尚未在国家层面上建立起包括法律法规、管理制度和经济激励措施等在内的政策和法律体系。目前促进我国生态农业发展的政策仍主要出现在各级政府的文件、工作报告和会议记录中，还以行政规范和管理引导为主，缺乏一部促进我国生态农业发展的基本法。虽然从立法上来说，已经初步形成以环境保护法为龙头、以自然资源保护和防治污染为基础的、以环境标准为技术规范的生态环境保护法律体系，但是，生态农业的发展与环境保护之间毕竟存在着不同的方面，也就是说，环境保护方面的法律不能代替促进生态农业发展的法律。因此，必须制定、修订扶持和保护生态农业发展的法律法规，比如农产品质量安全法、农业环境保护法、农业保险法、农业投资法、农业补贴条例、农业灾害救助条例等，以及规范农产品市场建设方面的法律法规，包括农产品贸易法、农产品市场流通管理法、绿色食品标志使用管理法、农产品标准化法等。这些法律法规的缺乏，是当前生态农业建设中的一个严重的制度性缺陷。

从政策上看，对生态农业服务体系建设的支持不足，缺乏相应的产业政策、扶持政策和技术政策。生态农业建设的末端，即生态农产品认证比较烦琐，认证标准界限不清晰。国家和政府缺乏对生态农业的宣传政策，使消费者对生态农产品认识缺位，导致我国不能利用市场机制大力发展生态农业。这些政策上的缺陷和缺失，大大制约着生态农业的顺利发展。

我国生态农业政策和法律体系不仅应包括直接针对生态农业实践模式的基本法、生态农业发展的技术和认证标准，还应包括各类科研教育培训制度、促进生态农业发展的激励机制以及与生态农业发展相适应的生态文化宣传辅助教育政策等。

第一，要及时制定生态农业法，作为我国发展生态农业的基本法。德国在 2003 年根据欧盟的《欧共体生态农业条例》制定了本国的生态农业法，对农业的产前、产中、产后都有相应的标准规范，此法的实施快速促进了生态农业的发展。

第二，要修改生态农业建设技术规范和农产品认证制度。比如，在生态农产品认证方面，我国目前建立了无公害农产品、绿色食品和有机食品的认证体系，分别由农业农村部和生态环境部的下设机构承担认证职能。这三类认证标准界限不十分清晰，不利于生产者和消费者认知和区分。

第三，制定激励机制。激励机制包括财政、金融、税收和价格等扶持政策。目前，生态农业在我国刚刚起步，生态农产品在我国国内市场上获得的利益不明显，企业的利润率不高。在这种情况下，国家和各级政府应该给予足够的重视和政策支持、资金扶持、税收优惠，实行生态农业补贴，开发绿色通道。

第四，优化农业生态补贴政策。要依据我国的实际情况制定出与我国国情相吻合的农业生态补贴政策的评价指标体系，提高农业生态补贴政策的可操作性和科学性；优化我国农业补贴结构，加强环境保护功能，比如停止对化肥、农药和除草剂等农业生产资料生产厂商补贴并提高税率，取消对农民购买化肥、农药和除草剂的农资补贴；构建确保农业生态环境标准指标体系实施的激励机制，比如设置奖励机制，农业生产经营者的生产经营活动必须符合我国农业生态环境的最低标准的要求才能获得全额的农业补贴，补贴标准以农民对农业生态建设的投入额度为参照系，农民对农业生态建设投入越多，其获得的补贴也就越多。

第五，充分发挥生态农业发展中地方政府的政策导向作用。政府要制定出农业环保政策和地方法规体系，坚持对重点生态区依法实施强制保护，对森林、水源、土地等农业资源和旅游资源实施重点保护，围绕当地生态农业建设加大执法力度。同时，必须加大公共财政支持力度，以财政担保、基金扶持等形式为生态农业建设提供良好的信用环境，以无偿扶持、贴息贷款、财政匹配等方式，增加生态建设投资、投劳量，扶持生态农业发展。

第六，要建立相应的技术支持体系，把高技术应用到生态建设和农业生产中，结合主导产业的发展需要，强化农业科研、农技推广机构功能，并重点建设一批高科技农业项目和生态农业示范基地。

第七，要变革相应的考核制度。考核制度包括绿色国民经济核算制度、绿色会计制度、绿色审计制度和绿色干部考核制度。国际上与国民经济核算相关联的资源环境核算始于20世纪70年代，已经对绿色国民经济核算制度进行了大量研究，并在不同层面进行了实施。2006年我国首次发布了《中国绿色国民经济核算研究报告2004》，目前正在进一步完善核算方法，重点研究如何利用绿色国民经济核算结果来制定相关的污染治理、环境税收、生态补偿、领导干部绩效考核制度等环境经济管理政策。但由于技术和体制障碍，考核制度变革的阻力和难度会很大，绿色考核制度的最终确立将是一个漫长的过程。

第二节　生态农业管理

一、生态农业管理模式

生态农业产业化经营的组织形式一般分为基本组织形式、纵向组织形式和横向组织形式三个类型。我国目前较为成熟的基本组织形式是“公司＋基地＋农户”；纵向组织形式有企业集团型、工商企业带动型和合同约束型；横向组织形式有社区合作型、专业合作型、科工农贸一体化经营型和农产品商品生产基地带动型等。

根据生态农业产业化经营组织形式的不同，生态农业的管理模式也有所不同，主要有以下管理模式：

（一）农户自主型管理模式

一些庭院型生态农业模式，或者稻-萍-鱼等小规模的生态农业模式，可以在一个家庭内部，由农户自愿建立起来，其管理模式显然是农户自主型的。由于是农户自愿，所以这种管理模式能最大限度地发挥农户的主动性和创造性，但在农户获得新技术、实用信息和政府资助方面往往不利。

（二）农民组织主导型管理模式

由行业协会带动的生态农业模式，一般来说，其组织模式都属于这一类型。农民组织主导型管理模式，不仅可以发挥参与农户的主动性和创造性，而且在技术、信息和市场方面都比较有利。由于农民组织往往比较松散，农民组织主导型管理模式需要注意的问题，主要是要制定严格的组织章程，只有按章程办事，才能最大限度地确保农民的权益。

（三）政府组织与引导型管理模式

在我国的生态农业建设中，地方政府对生态农业建设投入了极大热情。政府组织与引导型管理模式具有其他管理模式不可比拟的优势。比如，在组织协调方面，政府更具有号召力和强制力；在资金扶持上，可为参与生态农业建设的农户或企业办理贷款担保；在政策上，可以给予政策倾斜等。政府组织与引导型管理模式在我国建设生态农业的初期，发挥了巨大的作用。

（四）企业订单与市场引导型管理模式

目前，绝大多数“公司＋农户”模式的管理模式属于这一类型。在该管理模式中，企业与农户之间的联结方式是通过合同契约的形式建立起来的，即企业与农户作为各自独立的经营者和利益主体在自愿、平等、互利的前提下，签订合同，以明确双方的经济关系。在这种类型中，又可根据企业与农户间的利益联结程度分为松散型和紧密型。①松散型：龙头企业与农户的利益联系较为松散，企业与农户之间是简单的相互协作的服务关系。企业收购农户的产品，主要通过市场进行交易，价格随行就市。在联结方式上，有的是单纯建立一种产销合同；有的由企业提供有偿的技术、种苗、药肥、信息等系列服务，并进行农产品加工，把产、加、销诸多环节维系起来；有的企业形成了固定的原料基地，与农户有合同或契约，但对农户没有利润返还。②紧密型：龙头企业与农户通过适当的利益调节，如建立农产品收购保护价、设立风险保障基金等形式，形成"风险共担、利益均沾"的利益共同体。经营目的由单纯顾及自身经济利益而上升为考虑产业的整体利益，经营活动趋于稳定协调，抗御市场风险能力增强。

二、社区管理

生态农业社区是一种具有一定范围的社区地域，独特的社区文化，优美迷人的社区环境，合理高效的社区结构的社区类型。社区参与具有狭义和广义概念之分：狭义的社区参与仅指居民的参与实践；广义的社区参与则指政府及非政府组织介入社区发展的过程、方式和手段以及社区居民参加发展计划、项目等各类公共事务及公益活动的行为及其过程。当地居民是生态农业开发的重要参与群体，他们承受了生态农业景区管理和旅游开发带来的所有正面和负面影响。一般而言，本地人参与程度越高，掌握的控制权越多，社区获得的效益越大，负面影响可以有效地减少。

（一）社区环境管理

社区的环境管理包括环境容量、环境因子和设施管理等。

1. 环境容量管理 环境容量是指在某一时期、某种状态或条件下，景区的环境所能承受的参与观光经济活动的游客量。"某种状态或条件"，是指在保护观光资源和生态平衡的前提下，使旅游者感到舒适、满意。"能承受"，是指这种旅游活动不会导致旅游环境质量下降和破坏，既不影响旅游环境系统正常功能的发挥，也不会导致旅游环境质量下降。环境容量的意义主要是用来指导生态农业景区在环境、社会和经济等方面的建设和管理。环境容量主要包括自然、社会、经济3个方面，如环境生态容量、资源空间容量、心理容量及经济容量。

（1）心理容量。游客于某一地域从事观光休闲活动时，在不降低活动质量的前提下，地域所能容纳的游客的最大量称为游客心理容量，也称旅游感知容量。它通过游人在活动中对人均空间的需求来反映区域的承载力。当游客超过一定数量时，旅游者满意程度自然会下降。

（2）环境生态容量。一定时间内，在旅游地域的生态环境不致退化的前提下，生态景区所能容纳的游客数量叫环境生态容量。它反映生态环境对游客及其活动的承载力。超过这一极限，游客或观光休闲活动会对生态环境产生不良影响。

（3）经济容量。单位时间内经济环境可以承受的游客数量叫经济容量。它反映经济环境对游客及观光休闲活动的承载力。当游客人数超过极限时，生态农业景区的基础设施就会超负荷运转，并引起物价上涨，社会秩序紊乱，观光休闲活动便会受到当地民众的抵制。这种状况在一些经济落后地区景区开发之初尤为明显。

（4）资源空间容量。资源空间容量是指景区的空间及资源能容纳游客的能力，是景区内各景点的容量和景点间道路容量之和。

2. 环境因子管理 环境因子的监测和控制是生态农业景区环境管理方面的基础工作，是对社区大气环境、水环境、生物环境和土壤环境等环境条件进行监测和控制。环境因子的管理主要是在控制、保护和修复上采取措施。如：可对景区进行功能分区、限制游客数量以减少对大气和水的污染、减少垃圾排放；同时在旅游项目和设施上实施控制，以避免过度使用，并注意生态脆弱地区的保护和使用。在环境修复方面，轮流开放、分区恢复、人工治理是可行措施。还可建立大气、土壤、水等有关指标的检测档案，并确定一个警戒值，一旦超过警戒值，就立即采取控制措施。

3. 设施管理 生态农业景区内的设施应体现环保性、融合性和教育功能的要求。景区各种设施的生态管理应从规划阶段开始。

在规划景区设施时，根据景区区域景观生态系统的层次，制定不同的标准，对各区内的设施配置做出规定，严格控制其规模、数量、色彩、用料、造型和风格等，真正做到人工建筑的“斑块”“廊道”和天然景观“斑块”“廊道”“基质”相互协调。景区交通设施条件是生态农业景区发展的制约性因素之一，社区道路交通设施、道路交通标志标准化，可以确保游客旅途的安全快捷。同时，社区医疗卫生、通信、教育、治安保障等设施一应俱全才能更好适应景区的发展。

（二）社区居民和机构管理

1. 社区基层管理机构设置 设置社区基层管理机构的目的主要是通过基层管理体制和合理的机构，协调社区在资源管理与可持续发展之间的关系，让当地社区居民参与管理决策。比如成立由当地政府、社区、景区等组成的联合管理机构。

2. 社区参与机制及模式 社区参与的机制一般包括激励机制、利益协调机制和监督机制。股份合作制被认为具有良好的激励作用，也是目前最为常用的机制。要根据社区的实际选择参与模式，目前有 5 种较为普遍的社区参与模式：“公司＋农户”模式、“政府＋公司＋农村旅游协会＋旅行社”模式、股份制模式、“农户＋农户”模式和个体农庄模式。

3. 社区居民利益分配 利益分配是影响社区参与的重要因素。虽然发展生态农业旅游可以增加社区居民就业机会，提高经济收入，提高环境保护的积极性，降低环境保护成本，但在开发过程中，管理者往往忽视社区居民的参与，将社区居民孤立于开发之外，社区居民很难从开发中获益。其中社区资源管理中股份制的利益分配具有代表性，如武夷山自然保护区在资源管理中股份合作制分配结构包括：提取公积金（占 10％）、提取公益金（占 5％～10％）、支付土地股权补偿金、支付普通股股利。另外，在土地补偿和就业方面，土地补偿比例与金额应由政府、农民、开发商三方协议确定，并制定集体土地补偿金管理制度；对所征用的山林进行一次性补偿。

4. 社区文化管理 中国是世界农业的重要起源地之一。长期以来，中国劳动人民在农业生产活动中，为了适应不同的自然条件，创造了至今仍有重要价值的农业技术与知识体系。2005 年，青田稻鱼共生系统被联合国粮农组织（FAO）列为首批全球重要农业文化遗产（GIAHS）保护试点，标志着新时期农业文化遗产研究与保护实践探索的新起点。截至目前，全球共有 16 个 GIAHS 保护试点，其中中国有 4 个保护试点：青田稻鱼共生系统、云南红河稻作梯田系统、江西万年稻作文化系统和贵州从江侗乡稻鱼鸭系统。与以往的基于考古研究和农史研究为重点的农业遗产相比，生态农业文化遗产更强调人与环境共荣共存、可持续发展，蕴含着深厚的生态哲学理念、有效的农业种养技术以及丰富的可持续发展潜力。当前任何区域的农产品都有一定的文化、历史、地理和人文背景与内涵，它们均富有区域特色和民族文化，合理利用这些资源能有效地发展地方经济，继承与传播文化遗产，对弘扬历史、增强民族自信心等具有非常重要的作用。

三、政府管理

我国目前的农业生产组织形式仍然是家庭承包经营为基础的统分结合的双层经营体制，本质上仍然是以小农经济为基础的，农民在市场中的盲目性、盲从性、短视性、脆弱性等体现得还较普遍。因此，政府进行宏观决策与指导在现在农村经济体制下是非常必要的。

（一）生态农业政策

我国政府在20世纪80年代中期以后，陆续出台了一系列政策文件，倡导在我国实施生态农业，并组织实施了两批生态试点县（乡、村）的建设，总试点达到2 000个以上，大大推进了我国生态农业的建设步伐。

1984年国务院发布《国务院关于生态环境保护工作的决定》，正式提出："要认真保护农业生态环境。各级环境保护部门要会同有关部门积极推广生态农业，防止农业环境的污染和破坏。"

1993年国务院7部委（局）成立了"全国生态农业县建设领导小组"，把生态农业建设纳入了政府工作议程，发展生态农业被写入《中国21世纪议程》。这标志着我国生态农业建设从此被纳入了政府行为。

1994年国务院批准了《关于加快发展生态农业的报告》，要求各地积极开展生态农业建设试点工作。

1996年中共十四届五中全会提出"大力发展生态农业"。

1997年中国共产党第十五次全国代表大会又一次提出了发展生态农业。"大力发展生态农业"列入《中华人民共和国国民经济和社会发展"九五"计划和2010年远景目标纲要》。

1999年时任国务院副总理温家宝指出："21世纪是实现我国农业现代化的关键历史阶段，现代化的农业应该是高效的生态农业""要把生态农业建设与农业结构调整结合起来，与改善生产条件和生态环境结合起来，与发展无公害农业结合起来，把我国生态农业建设提高到一个新水平"。

2002年修订的《中华人民共和国农业法》在第五十七条中提到"发展生态农业，保护和改善生态环境"。

2005年时任浙江省委书记习近平就提出"高效生态农业"的发展战略，强调了"绿水青山就是金山银山"的发展理念。

2008年中共十七届三中全会《中共中央关于推进农村改革发展若干重大问题的决定》明确提出，到2020年农业和农村改革发展的目标任务之一是让"资源节约型、环境友好型农业生产体系基本形成"，为此提出"发展节约型农业、循环农业、生态农业，加强生态环境保护"。

2010年中央1号文件《中共中央国务院关于加大统筹城乡发展力度　进一步夯实农业农村发展基础的若干意见》提出"加强农业面源污染治理，发展循环农业和生态农业"。

2012年中央1号文件《关于加快推进农业科技创新持续增强农产品供给保障能力的若干意见》提出推进农业清洁生产，引导农民合理使用化肥农药，加强农村沼气工程建设，加快农业面源污染治理和农村污水、垃圾处理，改善农村人居环境。

2013 年中央 1 号文件《中共中央国务院关于加快发展现代农业　进一步增强农村发展活力的若干意见》提出："加强农村生态建设、环境保护和综合整治，努力建设美丽乡村，发展乡村旅游与休闲农业。"

2014 年中央 1 号文件《关于全面深化农村改革加快推进农业现代化的若干意见》提出建立农业可持续发展长效机制。促进生态友好型农业发展。全国农业工作会议上提出了"一控两减三基本"的目标任务，要求大力发展现代生态循环农业，并将其作为转变农业发展方式、建设农业生态文明的重要举措和有效途径。全国农业资源环境保护工作会议提出：加快推进现代生态农业创新发展。要推进现代生态农业区域协调发展，要实施现代生态农业重点工程，要加强现代生态农业标准化建设。

2015 年 1 月 6 日，农业部新闻办公室举行发布会，提出大力发展现代生态循环农业，推进农业发展方式转变，是推进生态文明建设的具体举措，对于促进农业农村经济持续健康发展具有重要意义。此外，各地《生态农业示范区建设规范》的出台，基本上使我国生态农业走上了制度化、规范化的轨道。

（二）生态农业职责部门

生态农业涉及方方面面，已经远远超过原来的农业范畴，在组织管理上单靠农业部门难以抓好。各级政府应对生态农业实行统一领导和调控，相关部门形成一个由政府牵头、统一协调、分工负责、归口管理的新型管理体制，切实把资金、技术和人才集中统一用于生态农业建设。20 世纪 80 年代初以来，生态农业在我国逐步兴起，农、林、水、环保、科研等部门积极开展了试点和研究工作，取得了初步成果和经验。但是在管理方面，却出现了分工不明和职责不清的问题，一定程度上影响了生态农业建设的进程。

在 1989 年国家机关"三定"中，国务院机构编制委员会通过协调明确提出，生态农业工作由农业部主管，国家环保局协助。农业部环委会第四次会议通过的《农业部有关司局环境保护主要职责分工》中确定，环保能源司负责生态农业试点工作。从此，生态农业工作实行归口管理。

2000 年农业部《关于印发〈全国生态农业示范县建设管理办法〉的通知》中确定，由农业部、国家计委、财政部、科技部、水利部、国家环保总局和国家林业局联合组成全国生态农业示范县建设领导小组。农业部为组长单位，由分管部领导担任领导小组组长；国家计委、国家环保总局为副组长单位，有关司局领导任副组长；其他部、局的有关司局领导作为领导小组成员。全国领导小组的任务是：负责全国生态农业示范县建设的领导和组织，审定重要活动计划；协调各部委局并指导各省、自治区、直辖市及计划单列市有关厅（局）开展生态农业示范县建设工作。全国领导小组下设办公室。办公室设在农业部科技教育司，由分管司领导担任办公室主任。成员单位由 7 部、委、局的有关司（局）以及农业部科技发展中心、农业部环境监测总站、农业部能源环保技术开发中心、中国农业大学共同组成。全国领导小组办公室的任务是：负责组织全国生态农业示范县的申报、审核；负责生态农业示范县建设日常工作的组织管理；组织开展技术交流和培训工作；组织实施示范县的检查、评估和验收。在全国有关大专院校、科研机构中选择长期从事生态农业、农业生态环境保护及相关领域的理论与技术研究的学科带头人或专家组成专家组。专家组主要任务：负责生态农业建设的理论探讨；研究生态农业发展思路和战略；开展生态农业的技术调研，为生态农业建设提供技术支持与咨询服务；联系省级技术指导单位或专家组，承办组织区域间技术合作。

2008年《国务院办公厅关于印发农业部主要职责内设机构和人员编制规定的通知》中确定，农业部承担加强对生态农业、循环农业、农业生物质产业的指导服务和监督管理，促进农业资源合理配置和农业可持续发展的职责，其下设的科技教育司（外来物种管理办公室）承担指导生态农业、循环农业和农村节能减排工作。

2012年10月18日，农业部农业生态与资源保护总站在北京成立，下设生态农业处，主要承担生态农业、循环农业政策分析和示范推广等工作。

2016年农业部发布的《关于印发农业综合开发区域生态循环农业项目指引（2017—2020年）的通知》明确了各省、自治区、直辖市及计划单列市农业（农牧、渔业）厅（委、局）、财政厅（局）、农业综合开发办公室（局）的权限如下：省级农业部门牵头组织项目申报、评审，项目备案、批复和实施。财政（农发）部门联合备案，并落实地方财政资金投入，对资金和项目监管。省级农业（畜牧、水产）部门、财政（农发）部门负责项目绩效目标审核和管理工作。农业部和国家农业综合开发办公室在建设期间不定期开展项目检查和评价。

地方生态农业管理机构，是依照国家行政职能部门与地方职能部门的关系和生态农业建设工作的具体需要成立的，组织管理地方生态农业建设的职能机构。

2000年农业部《关于印发〈全国生态农业示范县建设管理办法〉的通知》中确定，各省、自治区、直辖市及计划单列市成立由农业等有关委（厅、局）的主管领导组成的省级生态农业（示范县）建设领导小组（以下简称省领导小组），负责本省（自治区、直辖市）生态农业建设组织协调工作。省领导小组下设办公室，负责日常的管理工作。其主要任务是组织本省（自治区、直辖市）生态农业示范县建设规划的制订，检查、监督示范县项目的实施。生态农业示范县要成立由有关部门领导组成的领导小组，县政府领导担任组长。要确定固定的办事机构，负责示范县建设的日常管理，组织全县生态农业建设工作。

从现有情况看，各省级农业行政管理部门承担对生态农业、观光农业、循环农业、农业生物质产业的指导服务和监督管理，促进农业资源合理配置和农业可持续发展等责任。同时，部分省份的农业行政管理部门下设生态农业处（农村能源办），承担拟订该省份生态农业、农村可再生能源建设的规划并组织实施，指导生态农业、循环农业、休闲农业的工作。到地级市层面，如长沙市农业委员会下设生态农业产业处，日照市农业局下设生态农业科，主要工作职责是：拟定生态农业发展政策、规划和计划；指导生态农业、绿色农业和循环农业发展；组织申报、实施、监管生态农业财政扶持项目。地方生态农业管理逐步形成了纵向“条”管理、横向“块”协作的格局，加强了生态农业建设的组织和领导工作，保证了生态农业建设的顺利进行。

在我国生态农业建设的初级阶段，农业部牵头、多部门协作的管理体制的确发挥了巨大功效。但是随着生态农业建设的不断发展和成熟，生态农业建设新模式、新事物的不断出现，组织管理模式需要及时做出调整，例如加快推广、监测等相关体系建设，要建立良好的管理体制，加大对现有生态农业法律、法规的执行力度，并依据各地实际情况，加快出台地方生态农业法规，在短时间内把生态农业的生产方式转化为我国农业发展的主要形式，提高我国农产品的品质和国际竞争力。

【思考题】

1. 简述生态农业发展组织的类型划分。

2. 阐述家庭农场、农民专业合作社和“公司十基地十农户”三种组织模式的优缺点。

3. 生态农业社区环境管理包括哪些内容？

4. 管理生态农业的政府机构有哪些？

【学习资源】

黄山店村（生态）

生态保护

蟹　岛

新农人

CHAPTER 5 第五章 生态农产品

【教学目标】

1. 掌握生态农产品的概念；
2. 熟悉生态农产品的类型及其特点；
3. 了解不同类型农产品管理机构及其职能；
4. 了解不同类型农产品的认证知识；
5. 了解生态农产品产前、产中及产后三个环节的要求；
6. 了解生态农产品加工过程中原料选择原则，以及生态农产品加工环境与加工工艺要求；
7. 学会区分不同类型农产品；
8. 能够根据农产品认证条件与认证原则，进行不同类型农产品认证工作；
9. 学会生态农产品生产与加工关键技术。

第一节 生态农产品概述

一、生态农产品的概念与特点

在经济全球化的背景下，打造具有区域特色的农业强势品牌，提升农产品市场竞争力，推动农业与农村经济快速发展，已成为我国农业与新农村建设进程中不可回避的重要论题。近年来，食品安全问题，日渐引起关注，加上消费者随着生活水平的提升，对食品品质要求越来越高，对目前依赖化学工业、石油工业的大规模生产的农产品品质有所顾忌，纷纷选择绿色天然方式种植、饲养的农产品，绿色消费成为趋势。

（一）生态农产品的概念

生态农产品是指在保护、改善农业生态环境的前提下，遵循生态学、生态经济学规律，运用系统工程方法和现代科学技术，采用集约化经营的农业发展模式生产出来的无害的、营养的、健康的农产品。它包括蔬菜瓜果、大米小麦、鸡鸭鱼肉等各类农产品。生态农产品是休闲农产品之一，同时也是休闲农业农场的特色产品。

（二）生态农产品的特点

生态农产品基于其生产环境及其生产模式，具有以下特点：

1. 品质独特 生态农产品区别于普通农产品的独特品质主要在于无害、安全、优质、营养等，这些特定品质是由其产出地的内在自然因素和人文因素所决定的，是在优质独特的自然资源和生态环境或传统技术和特殊制造工艺的基础上生产的。由此也决定了许多生态农产品特别是其中的特色农产品是一个区域的特定产物，具有与众不同的产品质量和特征，是原产地以外的其他地域所没有的。

2. 质量保证 消费者获得农产品质量特征的类型分为观察型、体验型和信任型 3 种，其中体验型和信任型特征会造成农产品质量信息不对称。消费者对普通农产品的质量一般主要凭常识和经验去个别识别与主观评价，而生态农产品是经过质量认证并提供信息标识的标志产品，只有符合相关的环境质量标准、生产技术标准、产品质量和卫生标准、包装标准及储藏和运输等标准的产品才能称为生态农产品。由于消费者对农产品标志认证和提供认证的第三方机构的信任，使生态农产品的信任型特征更加明显。

3. 具有品牌效应 生态农产品作为一个区域的特定产物，蕴含着巨大的商业价值，其独特的品质特色和较高的知名度往往会使其成为该区域重要的产业，品牌效应日益凸显。作为一定区域范围内具有相当规模和较强生产能力、较高市场占有率及影响力的产业产品，生态农产品能够形成较高的美誉度，代表着一个地区甚至一个国家产业产品的整体形象，具有品牌优势。

二、生态农产品的分类

生态农产品因其遵循的产地环境、生产过程、产品质量国家标准和规范的不同，可将其分为 3 类：无公害农产品、绿色食品和有机食品。3 类生态农产品既有共性也有区别。

（一）无公害农产品

20 世纪 80 年代后期，部分省、自治区、直辖市开始推出无公害农产品。2001 年农业部提出“无公害食品行动计划”并在北京、上海、天津、深圳 4 个城市进行试点，2002 年，“无公害食品行动计划”在全国范围内展开，侧重于解决农产品中农药残留、有毒有害物质等已成为“公害”的问题。

无公害农产品指产地环境、生产过程和产品质量符合国家有关标准和规范的要求，经认证合格获得认证证书并允许使用无公害农产品标志的未经加工或者初加工的食用农产品。

无公害农产品定位于保障基本安全，满足大众消费。无公害农产品应当符合下列条件：①产地环境符合无公害农产品的生态环境质量要求；②生产过程必须符合规定的无公害农产品生产管理标准和规范；③有毒有害物质残留量控制在安全质量允许范围内，其他安全质量指标符合无公害农产品（食品）标准；④经专门机构认证许可使用无公害农产品标志。

（二）绿色食品

绿色食品是指产自优良环境，按照规定的技术规范生产，实行全程质量控制，无污染、安全、优质并使用专用标志的食品。它是在无污染的条件下种植、养殖，施有机肥料，不用高毒性、高残留农药，在标准环境、生产技术、卫生标准下加工生产，经专门机构认证并使用专门标志的安全、优质、营养类食品的统称。

与普通食品相比，绿色农产品强调其产品出自优良生态环境，从原料产地的生态环境入手，通过对原料产地及其周围的生态环境因子严格监测，判定其是否具备生产绿色农产品的基础条件，而不是简单地禁止生产过程中化学物质的使用。绿色农产品对产品实行“从土地到餐桌”全程质量控制，而不是简单地对最终产品的有害成分含量和卫生指标进行测定，从而在农业和食品生产领域树立了全新的质量观。同时，绿色农产品对产品实行标志管理，政府授权专门机构管理绿色食品标志，将技术手段和法律手段有机结合起来，在生产组织和管理上更为规范化。

绿色食品分为AA级和A级两类，A级标志为绿底白字，AA级标志为白底绿字。

A级绿色食品系指在生态环境质量符合规定标准的产地，生产过程中允许限量使用限定的化学合成物质，按特定的操作规程生产，加工产品质量及包装经检测、检验符合特定标准，并经专门机构认证，允许使用A级绿色食品标志的产品。

AA级绿色食品系指在生态环境质量符合规定标准的产地，生产过程中不许使用任何有害化学合成物质，按特定的操作规程生产、加工，产品质量及包装经检测、检验符合特定标准，并经专门机构认证，允许使用AA级绿色食品标志的产品。

（三）有机食品

有机食品是指根据有机农业原则和有机食品生产方式及标准生产、加工出来的，并通过有机食品认证机构认证的农产品。有机农业的原则是，在农业能量的封闭循环状态下生产，全部过程都利用农业资源，而不是利用农业以外的能源（化肥、农药、生产调节剂和添加剂等）影响和改变农业的能量循环。有机农业生产方式是利用动物、植物、微生物和土壤4种生产因素的有效循环，不打破生物循环链的生产方式。有机农产品是纯天然、无污染、安全营养的食品，也可称为“生态食品”，包括粮食、蔬菜、水果、奶制品、禽畜产品、蜂蜜、水产品等。

综上所述，无公害农产品、绿色食品和有机食品三者共性主要表现在3个方面：①均是通过产品质量认证的食品；②拥有与自己特有的名称相配套的特殊标志；③产品生产的环境条件、过程控制、技术要求、最终产品安全质量均有一套相应的标准。三者主要区别有3个方面：①有机农产品在生产加工过程中绝对禁止使用农药、化肥、激素等人工合成物质，并且不允许使用基因工程技术，其他农产品则允许有限制使用这些物质，并且不禁止使用基因工程技术。②有机农产品在土地生产转型方面有严格规定。考虑到某些物质在环境中会残留一段时间，土地从生产其他农产品到生产有机农产品需要2～3年的转换期，而生产绿色农产品和无公害农产品则没有土地转换期的要求。③有机农产品在数量上进行严格控制，要求定地块、定产量，生产其他农产品没有如此严格的要求。

三、生态农产品的认证与管理

（一）无公害农产品的认证与管理

1. 无公害农产品的认证

（1）认证性质。无公害农产品认证执行的是无公害食品标准，认证的对象主要是百姓日常生活离不开的“菜篮子”和“米袋子”产品。也就是说，无公害农产品认证的目的是保障基本安全，满足大众消费，是政府推动的公益性认证。

（2）认证方式。无公害农产品认证采取产地认定与产品认证相结合的模式，运用了“从农田至餐桌”全过程管理的指导思想，打破了过去农产品质量安全管理分行业、分环节管理的理念，强调以生产过程控制为重点，以产品管理为主线，以市场准入为切入点，以保证最终产品消费安全为基本目标。产地认定主要解决生产环节的质量安全控制问题；产品认证主要解决产品安全和市场准入问题。无公害农产品是一个自上而下的农产品质量安全监督管理行为；产地认定是对农业过程的检查监督行为；产品认证是对管理成效的确认，包括监督产地环境、投入品使用、生产过程的检查及产品的准入检测等方面。

（3）认证依据。为了确保认证的公平、公正、规范，无公害农产品认证是在一套既符合国家认证认可规则又满足相关法律法规、规章制度、技术标准规范要求的认证制度下进行运作的。

国家相关法律法规包括《中华人民共和国农业法》《中华人民共和国认证认可条例》《中华人民共和国农产品质量安全法》和《国务院关于加强食品等产品安全监督管理的特别规定》等，这是制定无公害农产品认证工作制度所遵循的法律依据。

制度文件包括《无公害农产品产地认证程序》《无公害农产品认证程序》《无公害农产品产地认定与产品认证一体化推进实施意见》《无公害农产品产地认定与产品认证一体化推进和复查换证提交材料的补充规定》和《实施无公害农产品认证的产品目录》等。

标准体系采用无公害食品标准，标准系列号为NY 5000，由农业部组织制定，使全国无公害农产品生产和加工按照全国统一的技术标准进行，消除不同标准差异，树立标准一致的无公害农产品形象。

（4）无公害农产品认定程序。2018年，根据中共中央办公厅、国务院办公厅《关于创新体制机制推进农业绿色发展的意见》要求和国务院“放管服”改革的精神，农业农村部对无公害农产品认证制度进行改革。具体认证工作如下：

① 认定条件：符合无公害农产品产地条件和生产管理要求的规模生产主体，均可向县级农业农村行政主管部门申请无公害农产品认定。

② 申请人所需材料：

a. 无公害农产品认定申请书；

b. 资质证明文件复印件；

c. 生产和管理的质量控制措施，包括组织管理制度、投入品管理制度和生产操作规程；

d. 最近一个生产周期投入品使用记录的复印件；

e. 专职内检员的资质证明；

f. 保证执行无公害农产品标准和规范的声明。

③ 办理流程：

a. 县级农业农村行政主管部门应当自收到申请材料之日起15个工作日内，完成申请材料的初审。符合要求的，出具初审意见，逐级上报到省级农业农村行政主管部门；不符合要求的，应当书面通知申请人。

b. 省级农业农村行政主管部门应当自收到申请材料之日起15个工作日内，组织有资质的检查员对申请材料进行审查。材料审查符合要求的，在产品生产周期内组织2名以上人员完成现场检查（其中至少有1名为具有相关专业资质的无公害农产品检查员），同时通过全国无公害农产品管理系统填报申请人及产品有关信息；不符合要求的，书面通知申请人。

c. 现场检查合格的，省级农业农村行政主管部门应当书面通知申请人，由申请人委托符合相应资质的检测机构对其申请产品和产地环境进行检测；现场检查不合格的，省级农业农村行政主管部门应当退回申请材料并书面说明理由。

d. 检测机构接受申请人委托后，须严格按照抽样规范及时安排抽样，并自产地环境采样之日起30个工作日内、产品抽样之日起20个工作日内完成检测工作，出具产地环境监测报告和产品检验报告。

e. 省级农业农村行政主管部门应当自收到产地环境监测报告和产品检验报告之日起10个工作日完成申请材料审核，并在20个工作日内组织专家评审。

f. 省级农业农村行政主管部门应当依据专家评审意见在5个工作日内做出是否颁证的决定。同意颁证的，由省级农业农村行政主管部门颁发证书，并公告；不同意颁证的，书面通知申请人，并说明理由。

g. 省级农业农村行政主管部门应当自颁发无公害农产品认定证书之日起10个工作日内，将其颁发的产品信息通过全国无公害农产品管理系统上报。

h. 无公害农产品认定证书有效期为3年。期满需要继续使用的，应当在有效期届满3个月前提出复查换证书面申请。在证书有效期内，当生产单位名称等发生变化时，应当向省级农业农村行政主管部门申请办理变更手续。

2. 无公害农产品认证管理

（1）组织机构。无公害农产品管理工作，由政府推动，将原无公害农产品产地认定和产品认证工作合二为一，实行产品认定的工作模式，由省级农业农村行政部门承担。

（2）工作职责。

① 农业农村部负责全国无公害农产品发展规划、政策制定、标准制定修订及相关规范制定等工作。

② 中国绿色食品发展中心负责协调指导地方无公害农产品认定相关工作。

③ 省级农业农村行政部门及其所属工作机构按《无公害农产品认定暂行办法》负责本辖区内无公害农产品的认定审核、专家评审、颁发证书和证后监管等工作。

④ 县级以上农业农村行政主管部门依法对无公害农产品及无公害农产品标志进行监督管理。

⑤ 县级农业农村行政主管部门负责受理无公害农产品认定的申请。

（二）绿色食品的认证与管理

1. 绿色食品的认证 绿色食品要获得绿色食品标志，必须通过绿色食品认证。绿色食品标志是中国绿色食品发展中心注册的质量证明商标，凡是有绿色食品生产条件的国内企业均可按一定程序申请绿色食品认证。

绿色食品有自己的标准体系，主要是绿色食品产地环境质量标准、绿色食品生产过程技术标准、绿色食品产品质量卫生标准、绿色食品包装标签标准、绿色食品储藏运输标准，以及绿色食品其他相关标准。

申请绿色食品认证和绿色食品标志使用权的产品必须具备的条件是：①产品或产品原料产地环境符合绿色食品产地环境质量标准；②农药、肥料、饲料、兽药等投入品使用符合绿色食品投入品使用准则；③产品质量符合绿色食品产品质量标准；④包装储运符合绿色食品包装储运标准。

企业需在其生产的产品上使用绿色食品标志的，应按绿色食品认定程序提出申报。为了保证生产绿色食品所用生产资料的有效性、安全性，保障绿色食品的质量，中国绿色食品发展中心根据《绿色食品生产资料认定推荐管理办法》对用于绿色食品生产的农药、肥料、食品添加剂、饲料、饲料添加剂（或预混料）、兽药、包装材料等相关生产资料进行认定，并推荐给绿色食品企业使用。

《绿色食品标志管理办法》对绿色食品标志使用权的申请人条件做了规定，即：①能够独立承担民事责任；②具有绿色食品生产的环境条件和生产技术；③具有完善的质量管理和质量保证体系；④具有与生产规模相适应的生产技术人员和质量控制人员；⑤具有稳定的生产基地；⑥申请前三年内无质量安全事故和不良诚信记录。

图 5－1 是绿色食品的申请认证程序。根据图 5－1，绿色食品的申请认证分八个阶段进行：

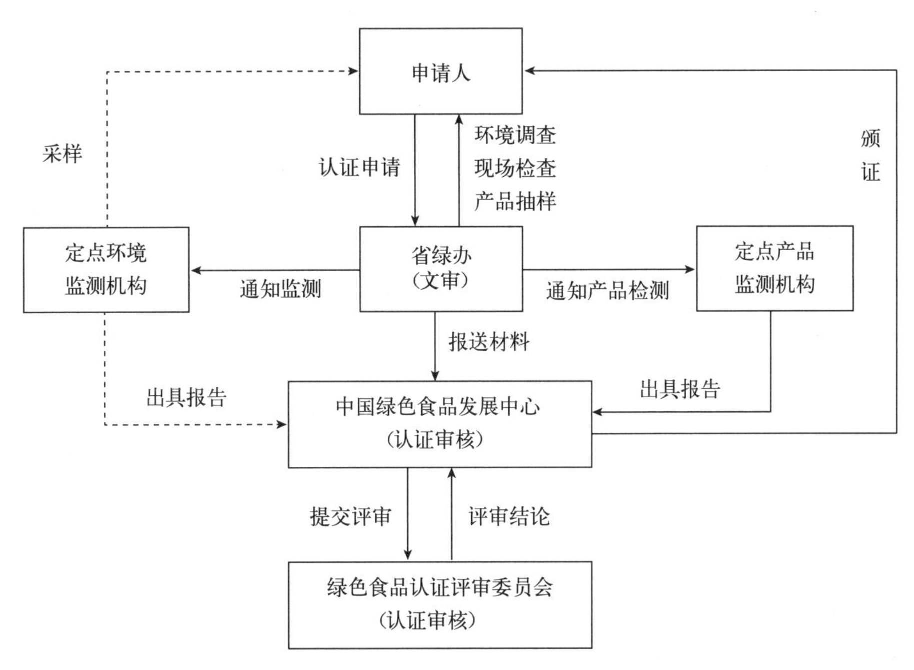

图 5－1　绿色食品认证程序

（1）认证申请。申请人向中国绿色食品发展中心（以下简称中心）及其所在省（自治区、直辖市）绿色食品办公室（中心）（以下简称省绿办）领取绿色食品标志使用申请书、企业及生产情况调查表及有关资料，或从中心网站（www.greenfood.org.cn）下载。申请人将上述表格填写后与有关材料一并提交省绿办。

（2）文件审核（文审）。省绿办收到上述申请材料后，组织检查员对申请材料进行审查。

（3）现场检查、产品抽样。文审合格后，省绿办委派相应专业的检查员赴申请企业进行现场检查。检查员根据有关技术规范对申请认证产品的产地环境（根据《绿色食品　产地环境技术条件》）、生产过程投入品使用（根据《绿色食品　农药使用准则》《绿色食品　肥料使用准则》《绿色食品　食品添加剂使用准则》《绿色食品　饲料和饲料添加剂使用准则》《绿色食品　兽药使用准则》《绿色食品　渔药使用准则》等生产技术标准）、全程质量控制体系等有关项目进行逐项检查，按照收集或发现的有关记录、事实或信息，填写评估报告，并当场进行产品抽样。

（4）环境监测。经检查员现场检查，需要进行环境监测的，由省绿办委托绿色食品定点环境监测机构对申请认证产品的产地环境（大气、土壤、水）根据《绿色食品　产地环境技术条件》进行监测，并出具产地环境质量监测报告。

（5）产品检测。产品抽样后，绿色食品定点产品监测机构依据绿色食品各类产品质量标准对抽取样品进行检测并出具绿色食品产品质量检测报告。

（6）认证审核。中心认证部门对申请材料和检查员现场检查报告、产地环境质量监测报告、产品质量检测报告等相关材料进行综合审查。

（7）认证评审。绿色食品认证评审委员会对申请材料及中心认证部门审核意见进行全面评审，并做出评审意见。绿色食品认证评审委员会是绿色食品认证的技术支持机构。目前为止，共有认证评审委员 70 人，涉及 30 多个专业方向，基本能够满足绿色食品认证评审需要。根据认证评审任务量和认证工作的时效性，适时组织认证评审。

中心主任根据认证评审意见做出审批结论。

（8）颁证。认证合格的申请人与中心签订《绿色食品标志商标使用许可合同》。中心颁发证书并进行公告。

同时中心还制定了绿色食品续展认证程序和绿色食品境外认证程序，在基本认证程序的基础上，根据相关要求做出适当的调整。

2. 绿色食品管理机构及职能　我国绿色食品管理体系在全国构建了 3 个组织管理机构：绿色食品认证管理机构、绿色食品产地环境监测与评价机构和绿色食品产品质量监测机构。

（1）绿色食品认证管理机构。中国绿色食品发展中心是组织和指导全国绿色食品开发和管理工作的权威机构，1992 年 11 月正式成立，隶属农业部。中国绿色食品发展中心是绿色食品质量证明商标持有人，主管全国绿色食品工作，并对绿色食品标志商标实施许可。1999 年中国绿色食品发展中心加挂农业部绿色食品管理办公室的牌子。

中国绿色食品发展中心的主要职能是：制定发展绿色食品的方针、政策及规划；管理绿色食品商标活动；组织制定和完善绿色食品的各类标准；开展与绿色食品相配套的科技攻关、宣传、培训活动；组织和参加国内外相关的经济技术交流与合作；指导各省（自治区、直辖市）绿色食品管理机构工作；建设绿色食品生产示范基地；协调绿色食品营销网络；协调绿色食品环境、食品质量监测的工作。

各省（自治区、直辖市）成立省级分支管理机构，负责本地区绿色食品的申请、检测、管理工作。

绿色食品认证管理机构的基本宗旨是：组织和促进无污染、安全、优质、营养类食品开发，保护和建设农业生态环境，提高农产品及其加工食品质量，推动国民经济和社会可持续发展。

（2）绿色食品产地环境监测与评价机构。各地根据本地区的实际情况，委托具有省级以上计量认证资格的环境监测机构，并报农业农村部批准备案后，负责当地绿色食品产地环境监测与评价工作。目前，各省（自治区、直辖市）至少指定了一家具备认证资格的产地环境监测与评价机构，形成了可以覆盖全国各地的有效工作网络。

绿色食品产地环境监测与评价机构的主要职能是：根据绿色食品认证管理机构的委托，按《绿色食品　产地环境调查、监测与评价规范》及有关规定对申报产品或产品原料产地进行环境监测与评价；根据中国绿色食品发展中心的抽检计划，对获得绿色食品标志的产品或产品原料产地环境进行抽检；根据中国绿色食品发展中心的安排，对提出仲裁监测申请的企业进行复检；根据中国绿色食品发展中心的布置，专题研究绿色食品环境监测与评价工作中的技术问题等。

（3）绿色食品产品质量监测机构。绿色食品产品质量监测机构是中国绿色食品发展中心按照行政区划，依据绿色食品在全国各地的发展情况，各地食品监测机构的监测能力，监测单位与中心的合作愿望等因素而由中国绿色食品发展中心直接委托。

绿色食品产品质量监测机构主要职能：依据绿色食品产品标准对申报产品进行监督检验；对获得绿色食品标志使用权的产品进行年度抽检；对检验结果提出仲裁要求的产品进行复检；专题研究绿色食品质量控制有关问题；有计划引进、翻译国际上有关标准，研究和制定我国绿色食品的有关产品标准。

绿色食品质量监测机构的设立应具备以下3个条件：①绿色食品产品质量监测机构取得国家计量认证有效证书；②该单位为行业检测单位，有跨地域检测的资格，检测报告要有权威性；③该单位所在地区绿色食品事业发展较快，有必要建立定点食品监测机构。

各地绿色食品管理机构、生产企业和经营单位可以自愿选择已有的任何一家绿色食品产品质量监测机构进行产品质量监测。

（4）委托制的绿色食品管理机构。我国绿色食品管理机构是委托形式，以绿色食品标志委托管理的方式，组织全国绿色食品管理队伍开展工作。委托管理是本着“谁有条件和积极性就委托谁”的原则，委托各地相应的机构管理绿色食品标志，体现了因地制宜、因人制宜、因时制宜的求实态度，从多方面促进绿色食品事业长期稳定发展。

① 变行政管理为法律管理：实施标志委托管理，被委托机构获得相应管理职能的同时，即承担了维护标志法律地位的严肃义务，因为此时的标志管理，是一种证明商标的管理，此时的被委托机构，形同商标注册人在地域上的延伸，被委托机构和绿色食品生产企业的关系犹如商标注册人和被使用许可人的关系，一切管理措施都得以《中华人民共和国商标法》为依据。

② 体现自愿原则：委托都是在自愿的基础上进行的，被委托机构的积极性和主动性成为绿色食品事业发展的优势。对各被委托机构而言，投身绿色食品事业是“我要干”而不是“要我干”，委托也要在有条件和有选择的前提下进行，在主观积极性的基础上又考虑了客观条件，做到内因和外因的有机结合。

③ 引入竞争机制：实施标志的委托管理，本身即意味着打破了“岗位终身制”，每一个被委托机构都可能因丧失了其工作条件或责任心而随时失去被委托的地位，每一个不在委托之列的机构都存在竞争委托的机会。

④ 绿色食品社会化：标志的委托管理，冲破行业界限和部门垄断，符合绿色食品质量控制的产业化特点，也体现了绿色食品“大家的事业大家办”的社会化特点，从质量认证的角度看，实施委托管理的方式符合认证、检查、监督相分离的原则，更充分地体现了绿色食

品认证的科学性和公正性。

(5) 社会团体组织。

① 中国绿色食品协会：中国绿色食品协会（China Green Food Association）是一个非行政管理的社会团体组织，是由从事和热心于绿色食品管理、科研、教育、生产、储运、销售、监测、咨询等活动的单位和个人自愿组成的全国性专业协会，是经民政部、农业农村部批准注册的。中国绿色食品协会主要职能是推动绿色食品开发的横向经济联合，协调绿色食品各方面的关系，组织绿色食品事业理论研究、人员培训、社会监督、信息咨询、科技推广与服务，并成为政府与绿色食品企事业单位之间的桥梁和纽带，为绿色食品事业的健康稳步发展和产业的加速建设提供综合服务和有力的社会支持。

② 绿色食品专家咨询委员会：为了组织社会科技力量，共同推动绿色食品事业发展，在中国农学会的大力支持下，中国绿色食品发展中心于2004年正式组建了绿色食品专家咨询委员会。该咨询委员会由来自全国各地，分布于74个专业的439名专家组成。绿色食品专家咨询委员会将在绿色食品的基础理论研究、标准建设、科技攻关、专业培训等领域提供技术支持，同时根据绿色食品开发和管理工作的需要，开展技术指导和咨询服务。

(三) 有机食品的认证与管理

有机食品来自有机农业生产体系，根据有机农业生产要求和标准加工的，并经独立的认证机构认证，达到有机生产要求的农产品。有机食品的安全性高于无公害农产品和绿色食品。

目前，国际有机农业发展和有机农产品生产的法规与管理体系主要分为3个层次：①联合国层次；②国际性非政府组织层次；③国家层次。联合国层次的有机农业和有机农产品标准是由联合国粮农组织与世界卫生组织制定的，是《食品法典》的一部分，目前尚属于建议性标准。《食品法典》的标准结构、体系和内容等基本上参考了欧盟有机农业标准EU 2092/91以及国际有机农业运动联盟（IFOAM）的《基本标准》。具体内容包括定义、种子与种苗、过渡期、化学药品使用、平行生产、收获、贸易和内部质量控制等内容。此外，标准还对有机农产品的检查、认证和认可体系做了比较具体的说明。

IFOAM的基本标准属于非政府组织制定的有机农业标准，它的影响却非常大甚至超过国家标准。IFOAM于1972年成立，到目前已经有110多个国家700多个会员组织。其制定的标准具有广泛的民主性和代表性，因此许多国家在制定有机农业标准时参考IFOAM的基本标准。IFOAM的基本标准包括了植物生产、动物生产以及加工的各类环节。

国家层次的有机农业标准以欧盟、美国和日本为代表。欧盟的EU 2092/91标准经过多次的完善于2000年8月24日正式生效。欧盟标准适用于其成员国的所有有机农产品的生产、加工和贸易，也就是说，所有进口到欧盟的有机农产品的生产过程应该符合欧盟的有机农业标准。

以欧盟标准为范本，美国和日本也加紧了标准制定：1990年，美国颁布了《有机农产品生产法案》，并成立了国家有机农业标准委员会（NOSB），由美国农业部市场服务司归口领导。美国有机农业的正式标准于2000年12月21日颁布，2002年10月21日正式执行。

日本2000年4月推出了有机农业标准，具体内容与欧盟标准95%是相似的，该标准于2001年4月正式执行。

我国有机食品的生产自20世纪50年代以来快速发展，1994年后中国绿色发展中心、国家环境保护总局有机食品发展中心相继制定发布了有机认证标准，这些标准已基本与IFOAM基本标准、EEC 2092/91等国际标准接轨。它们对有机农业生产和食品加工提出了基本要求。从事有机农业生产者需与认证机构签订在有机生产中保证达到这些标准的协议，并接受认证机构的认证检查。

在我国有机食品认证应具备的条件，包括有机食品生产和加工条件。有机食品生产过程的要求：①生产基地在最近2年或3年内未使用过GB/T 19630—2005《有机产品》和《OFDC有机认证标准》中的禁用物质；②种子使用前未经任何禁用药物处理、禁止使用任何转基因种子和种苗；③生产企业需建立长期的土地培肥、植保、作物轮作和畜禽养殖计划；④生产基地及其周围无明显的水土流失、风蚀及其他环境问题；⑤农产品在收获、清洁、干燥、储存和运输过程中未受化学物质的污染；⑥从常规种植向有机种植转换需2年以上转换期，新开荒地及撂荒多年的土地也需经至少12个月的转换期才能获得有机认证；⑦生产全过程必须有完整的记录档案。有机食品加工的基本条件：①原料必须是已获得有机颁证的产品或野生无污染的天然产品；②已获得有机认证的原料在最终产品中所占的比例不得少于95%；③只使用天然的调料、色素和香料与辅助原料，不用人工合成的添加剂；④有机食品生产、加工、储存和运输过程中应不发生化学物质的污染；⑤加工过程必须有完整的档案记录。

有机食品认证各机构认证程序虽然有一定差异，但有机食品认证的模式通常为“过程检查＋必要的产品和产地环境检测＋证后监督”，认证程序一般包括认证申请和受理、检查准备与实施、合格评定和认证决定、监督与管理等主要流程。

有机食品认证的基本程序：

（1）申请者向有机食品认证机构提出认证申请，并填写申请表和调查表。

（2）有机食品认证机构审核申请材料。

（3）有机食品认证机构通知申请者初审结果，双方签订认证检查委托协议书，申请者向认证机构缴纳检查所需费用。

（4）认证机构授权检查员进行生产现场检查与产品检测，并编写检查报告。

（5）申请者在检查报告上签字认可。

（6）认证机构根据检查报告决定是否需要进行二次检查。

（7）认证机构组织召开颁证委员会会议，做出是否颁证的决定。

（8）认证机构通知申请者颁证结果，缴纳颁证费用，颁发证书。

（9）申请者在销售获证产品前向认证机构申请有机食品销售证明（或委托书）。

（10）认证机构向有机食品买卖双方出具销售证（或委托书）。

有机食品主要国内外颁证机构有：中国的OFDC（有机食品发展中心），美国的OCIA（国际有机作物改良协会），德国的BCS公司，荷兰的Skal公司，法国的IFOAM和ECOCERT（国际生态认证中心）等。目前在我国开展有机产品认证管理的机构有20多家。

第二节 生态农产品生产与加工主要环节

一、生态农产品生产主要环节

生态农产品根据其生产模式，从农田到餐桌，要经过农业投入品使用、种植、采收、储藏、运输、保鲜、加工、包装等多个环节。影响安全的因素涉及产地、生产过程和采收储运等诸多环节，危害因素多，控制技术复杂。归纳起来，生态农产品生产可分为产前、产中和产后三个阶段，影响农产品质量安全的主要有产地环境质量、农业投入品使用和采后加工储运过程等。

（一）生态农产品产前环节

农业生产需要在适宜的环境条件下进行。农业环境受到污染，就会影响农产品的数量和质量，进而影响人类的生存和发展。生态农产品产地是初级农产品或加工产品原料的生长地。产地生态环境条件是影响生态农产品的主要因素之一，同时也是生态农产品生产产前环节关键要素。因此，开发生态农产品，必须通过调查，合理选择生态农产品产地。

通过对生态农产品产地的选择，可以较全面地、深入地了解产地及产地周围的环境质量现状，为建立生态农产品产地提供科学的决策依据，为生态农产品质量提供最基础的保障条件。

生态农产品产地的选择是指在生态农产品生产之前，通过对产地生态环境条件的调查研究和现场考查，对产地环境质量现状做出合理判断的过程。

1. 生态农产品产地选择原则 生态农产品生产地要选择生态环境良好、远离污染，并具有可持续生产能力的农业生产区域。生态环境主要包括大气、水、土壤等环境。首先要求产地及产地周围不得有大气污染，特别是上风口不得有污染源（如化工厂、钢铁厂、水泥厂），不得有有毒有害气体排放，不得有烟尘和粉尘；其次要求生产用水不能含有污染物，特别是重金属和有毒有害物质；最后要求产地及产地周围土壤元素背景值正常，无金属或非金属矿山，未受到人为污染，无农药残留等。产地最好集中连片，具有一定的生产规模，产地区域范围明确，产品相对稳定。

2. 生态农产品产地环境质量现状调查 本着科学、求真、务实的精神，重点调查产地环境质量现状、变化趋势和区域污染控制措施，以及产地自然环境、社会经济及工农业生产对产地环境质量的影响。

3. 生态农产品产地环境质量监测评价 生态农产品产地环境质量监测对象主要包括大气监测、水环境监测和土壤监测，通过监测所获得的代表环境质量的信息数据，为生态农产品生产者、管理者提供丰富的第一手资料。

（二）生态农产品产中环节

生产技术和农业投入品是生态农产品产中环节关键要素，生产技术措施着重围绕控制农业投入品使用，减少对产品和环境的污染，形成持续、综合的生产能力，达到农业生态系统良好的生态循环。生态农产品主要包括种植业生态农产品、畜禽养殖业生态农产品和水产养殖业生态农产品，三种生态农产品的产中环节要求略有不同。

1. 种植业生态农产品生产 以优良品种为中心，协调运用水、肥、气、热等因素，采用先进的耕作、栽培技术，建立良好的立地生态条件，使作物生长健壮、抗性提高、病虫减少，减免农药、化肥的残留。

2. 畜禽养殖业生态农产品生产　选择适应环境、抗逆性强的优良畜禽品种，采用科学的饲喂技术，合理地使用饲料，严控饲料添加剂和药品的使用，生产高质量、安全、无公害的生态畜禽农产品。

3. 水产养殖业生态农产品生产　在选择好优良的种苗并做好引种检疫的基础上，采用科学合理的养殖方式，做好渔用饲料、渔药的检测，防止有毒有害的饲料及致畸、致癌并对环境造成影响的渔药用于养殖生产，并减少病害的发生；要规定渔药停药期，禁止使用政府明令禁用的药物及滥用抗生素。

（三）生态农产品产后环节

生态农产品产后环节是质量保证不可或缺的一环，主要包括农产品质量检测和采收后加工、包装、储藏、运输等过程。质量检测是食品营养、安全卫生的保证；农作物的采收与处理过程中的卫生控制、采收器械和加工人员有严格要求；采用适宜的包装方式，避免农产品在储存过程中受到破坏及污染，包装材料应符合相应的卫生标准。

二、生态农产品加工主要环节

生态农产品加工，是指以人工生产的农业物料和野生动植物资源为原料所进行的工业生产活动。发展农产品加工业，可以促进生态农业基地的建设，延长农业产业链条，有利于提高农业综合效益。因此，应以提高农产品及加工制品竞争力为着力点，整合资源，重点突破，大力推进，实现由初级加工为主向高附加值的精深加工为主转变，由资源消耗型向资源节约型转变，推进农产品加工原料生产基地化，产加销经营一体化，加工制品优质化。生态农产品生产应与相对经营利润率高的加工业融合，结成“鱼离不开水、水离不开鱼”的鱼水深情，对生态农产品生产来说，这个融合的价值和作用很大。

生态农产品在加工环节中，为了保证其生态特性，在加工原料选择、加工设备、加工工艺、加工使用的添加剂及包装等方面有严格要求。

（一）生态农产品加工原料的选择

生态农产品因其不同于普通食品，在原料选择的难度与严格程度方面要求更高，企业应将原料质量控制作为其加工环节的“第一车间”。

1. 生态农产品加工原料应来自无污染产品生产系统　这是保证食品质量的关键措施。因此，在生态农产品的有关规定中，要求在最终产品中生态原料所占比例不得少于95%，如果有的生态原料在市场上无法购得，允许使用部分（不超过5%）普通的原料，加工过程中必须严格区分颁证、未颁证以及普通的原料，防止有机原料和普通原料混杂在一起。而且所有的普通原料成分在出售时必须在产品包装上清楚地加以说明。

2. 原料的质量与技术要求　生态农产品加工原料，首先，必须具备适合人食用的食品级质量，不能危害人的健康；其次，因加工工艺的要求以及最终产品的不同，各类食品对原料的具体质量、技术指标要求也不同，但都应以生产出的食品具有最好的品质为原则，选择适合加工的品质的原料，才能保证生态农产品加工产品的质量。生态农产品严禁用辐射、微波等方法将不适合食用的原料转化成可食用的原料用于加工，对于非农、牧业来源的原料必须严格管理，在符合世界卫生组织标准及国家标准的情况下尽量少用，用量可按加工要求量使用。

（二）生态农产品加工环境的清洁

良好的农业生态环境是确保农业生产风调雨顺、高产优质的基础。很难想象一个水土流失严重、自然灾害频繁的种植业产业化基地会有什么发展，会有什么效益。因此，任何地方的农产品加工首先应该是一项农业生态工程。应对区域生态环境实施强制性保护，明确水、土、草原、森林、生物等自然要素的生态功能，通过积极引导，开展生态经济建设与示范。国内外大量的生态工程表明，它们的生产线多半是由转化太阳能的“生产者”、畜禽类“消费者”和微生物类“分解者”组成的，整个生产过程是变废为宝的闭路循环。搞种养加相结合，推进农产品加工，必须事先进行优化设计，充分论证，运用生态学原理构筑生态工程，这是农产品加工实现可持续发展的根本途径。

生态农产品加工厂及附属设施应远离有毒、有害场所，加工中所使用的工具必须表明其用途和使用方法，必须认真清洗所有用过的设施和材料，不允许食品中有清洁剂的残留。

（三）生态农产品加工工艺要求

生态农产品加工应采用先进工艺，只有先进、科学、合理的工艺才能最大限度地保留食品的自然属性及营养，避免食品在加工中受到二次污染，先进工艺必须符合绿色食品的加工原则。较先进的辐照保鲜工艺就是生态农产品加工所禁止的。

生态农产品加工还应注意农产品的色、香、味的保持，尽量避免破坏固有营养的风味，同时在加工过程中，应防止营养成分的流失。

案 例

福建省招宝生态农庄打造生态农产品

福建省招宝生态农庄有限公司创办于1990年，农庄创始人蓝氏兄弟针对人们喜爱吃山珍野味的特点，从2 000元、10个山鸡蛋开始创业，经过近30年的努力，目前已发展成为拥有10个分场、2家大型分公司、3家合作企业和全国160家加盟农庄，集特种养殖与名优种植、产品深加工、餐饮野味、乡村生态旅游、休闲度假为一体的集团型现代生态企业。养殖业务主要包括各种野生动物养殖如山鸡、贵妃鸡、绿壳蛋鸡、白鹭鸭、孔雀、野猪等。2009年和2010年，招宝公司的“招宝山鸡”“招宝野猪”先后被福建省人民政府评为“名牌产品”。招宝公司制定的《山鸡养殖技术标准》还被质量技术监督部门推荐修定为福建省山鸡养殖地方标准，填补了国内的空白。

在中国特种养殖和生态农庄行业，不仅“招宝”品牌成为公认的第一品牌，而且招宝公司也成为龙头和领袖型企业。

黄河稻夫生态有机农场打造有机农产品

黄河稻夫生态有机农场，位于有“中国第一米”产地之称的河南省原阳县。农场占地133 hm^2，位于黄河北岸，紧临黄河9 m悬河段，是黄河湿地附近最适宜出产原阳顶级大米的核心区域。黄河稻夫天然有机农场，总投资3亿多元，以“缔造天然有机食品，推进国人餐桌安全”的战略思维，借助区域天然的地理优势和独特的农业优势（地理纬度和原阳适宜的土壤），将传统农耕的优势与现代农业科技相结合，不断探索和发展中国现代农业新模式，倾力打造中国顶级的天然有机大米及系列有机食品如黄河稻夫古法天然米（中国顶级）、黄河稻夫天然“稻糠鱼”、黄河稻夫天然“稻田鸭”、黄河稻夫天然“林下鸡”、黄河稻夫天然有机果蔬等。

农场以“法自然，纯生态”为运营理念，以“智能监控、绿色灌木林”等9重防护为手段，融种植、育种、养殖、餐饮、观光于一体，实现了农耕与现代科技、城市居民生活以及餐饮休闲的多维互动，让生态农业从产品上升为一种生态、生活、生命文化。

以弘扬生态文化为基础，以人为本，黄河稻夫持续推进生产标准化，市场品牌化运营，以高品质比肩泰国、日本等国家的稻米产品，积极解决国人餐桌安全等现实问题，实现中国生态耕种融入全球进程，与世界同步发展。

【思考题】

1. 有机食品、绿色食品和无公害农产品之间的区别是什么？
2. 绿色食品必须具备哪些条件？
3. 有机食品必须具备哪些条件？
4. 简述绿色食品及其认证管理体系。
5. 生态农产品加工各环节如何把控？
6. 绿色食品标准与有机产品标准在肥料和农药的使用上有何异同？
7. 有机作物种植对品种、土肥和病虫害防治的要求是什么？

【学习资源】

农产品艺术品番茄

砀山梨膏

CHAPTER 6 第六章

生态农业的资源利用、保护及污染治理

【教学目标】

1. 了解生态农业资源的类型；
2. 熟悉生态农业资源的特点；
3. 熟悉水、土壤及生物等各种农业资源的利用和保护途径；
4. 了解农业环境污染对生态农业和休闲农业的影响；
5. 学会生态农业环境污染治理的一般理论与原理；
6. 掌握生态农业中水环境污染防治技术与方法；
7. 掌握生态农业中土壤污染防治技术与方法；
8. 掌握生态农业或休闲农业的固体废弃物处置方法。

休闲农业一个最明显的特征就是其休闲性，而休闲农业应该是建立在生态农业基础上的观光农业。因此，生态农业模式的农业资源利用与环境保护无论在休闲性、生态性还是在观光性的意义上讲，都是一个前提，也是值得研究的课题。

第一节 生态农业资源的概述

农业资源是人类的农业活动所依赖的各种自然资源和社会资源的总和。生态农业资源是人们进行生态农业生产所依赖的农业资源，生产过程实际上就是农业资源的利用过程，被利用的农业资源在特定系统内经过农业生物的转换，以生态农产品形式输出。

一、生态农业资源的分类

生态农业资源按其来源可分为：生态农业的自然资源和生态农业的社会资源。

（一）生态农业的自然资源

生态农业的自然资源是生态农业生产可利用的那部分自然资源，包括生物资源、气候资源、土壤资源和水资源等。这部分资源是生态农业生产的基本条件，也是休闲观光农业的基本生态因子。

1. 生物资源　生物资源是自然环境中由植物、动物和微生物构成的部分。生物资源都能通过生长、发育和繁殖得以不断更新，这种更新不仅表现在数量上，还表现在质量上。农业生产中的高产和优质就是生物资源在数量上和质量上不断更新的典型例子。

2. 气候资源　气候资源由光、热、雨水和大气等因素构成。气候资源呈现明显的时空特征，具有时间上的周期性、空间上的水平地带性和垂直地带性。

（1）气候资源的周期性。气候在一年中的春季、夏季、秋季、冬季循环往复地变化，呈现明显的周期性。这种周期性的变化带来光、热、降水周期性地变化，决定了农业生产的节律变化和时间结构。

（2）气候资源的水平地带性。气候资源从地球赤道向北呈现为规律性地变化，光、热、降水等总体上其平均值都呈现为逐渐减弱、降低。

（3）气候资源的垂直地带性。气候资源的垂直地带性主要是指海拔低的地域其平均温度比海拔高的地区高，这是海拔从低到高热量递减所致，就是说高海拔地区表现为气温较低的现象。我国由东至西地势渐渐走高，气温也随之呈现为渐渐下降。

3. 土壤资源　土壤是各种成土因素综合作用的产物。土壤根据其形态、理化性质和生产力水平呈现不同的类型，不同的土壤类型有各自的地理空间分布范围。土壤的地理分布也表现为水平分布规律和垂直分布规律。

（1）土壤分布的水平地带性。土壤分布的水平地带性包括土壤的纬度地带性和经度地带性两种分布规律。纬度地带性是指土壤从赤道向两极方向分布的差异性，由于热量差异导致地带性土类大致平行于纬线呈带状分布的规律；经度地带性是指地带性土类大致依经度由沿海向内陆变化的规律。

（2）土壤分布的垂直地带性。土壤分布的垂直地带性是指随着山体海拔升高，热量递减，降水量在超过一定高度后也减少，引起各种成土因素依海拔高度呈现规律性的变化。

4. 水资源　水利是农业的命脉，水资源是进行生态农业生产的基本条件，水资源的质量和数量是生态农产品质量的决定因素之一。生态农业的水资源是地球上在不断循环运动中得到更新的资源，包括地面水和地下水。目前，我国的水污染非常严重，水资源被污染的面积和程度呈加剧趋势，对生态农业的推广和实施构成了很大威胁。

（二）生态农业的社会资源

生态农业的社会资源是生态农业生产过程中必需的来自农业生态系统以外的农业资源，包括人力资源、信息资源和工业产品类资源等。与相对稳定的自然资源不同，生态农业的社会资源是经常变化的。随着生态农业的推广和休闲农业产业的兴起，以信息资源为显著标志的社会资源越来越显示其重要性，尤其是对提高生态农业的精准性、信息化管理都有十分重要的意义。

二、生态农业资源的特点

（一）生态农业资源的整体性

生态农业的自然资源各部分都是相互联系、相辅相成的，构成了一个有机的整体。一种资源的改变必然引起其他资源要素的相应变化，例如：气候资源的改变必然会导致降水的格局和循环的改变，从而引起整个资源组合的变化；同时，引起特定地域的农业植物外貌和季相变化，从而影响休闲观光农业中的植物观赏性或休闲农业的植物景观。

（二）生态农业资源的区域性

由于地域的纬度地带性和经度地带性，不同区域所得到的光、热和降水都存在差异，因而造成农业自然资源的异质性和多样性。在社会资源方面，各地的交通、市场、信息化水平、科技发展程度也存在差异。自然资源和社会资源的差异，决定了各地生态农业的个性化，在此基础上形成的休闲农业产业也具有各自的特点，同时也要求各地应根据各自的资源特点，因地制宜，发展特色休闲农业。

（三）生态农业资源的有限性

生态农业资源的有限性主要体现在：①生态农业资源的数量是有限的，例如水资源、土壤资源等都是有限的。②在一定技术水平下，人们利用资源的能力是有限的，例如水资源的利用率和光能的利用率的提高都依赖当下的科技水平，特别是光能利用率低下是限制农业产量的一个瓶颈，要突破这个限制需要科技的重大突破。③资源组合中的最小因子的限制导致其他资源的利用率受限。所谓最小因子是在多种资源组合中，如果某种资源短缺而又无其他资源代替，则该资源就是资源组合中的最小因子。这种最小因子所引起的限制作用在农业生态系统中时有发生，例如我国西北地区尽管有丰富的光热资源和土地资源，但由于水资源的极度缺乏，制约了当地农业的发展，也影响地域性休闲农业产业的发展。

（四）生态农业资源的可变性

生态农业资源的可变性主要表现为资源的节律变化和发展积累变化。前者是光、热、降水等自然资源在一年中的节律性变化，这就决定了生态农业系统中的生物的时间结构特征，也决定了休闲农业中观光对象的节律变化。后者表现为一个地区或一个生态农业系统中的农业资源是长期发展所致，并处于不断地变化之中。这种变化包含了人为的部分，人类的活动若对资源施加良好的影响，则会促进生态农业资源向好的方向发展，资源得到优化和稳定；反之，就会对资源环境产生不良的影响，导致资源的破坏，例如滥垦、滥伐等引起的水土流失。此外，经济的发展和城镇化也会引起生态农业资源的数量和结构发生改变，例如基础设施（道路、桥梁和房地产等建设）都会导致生态农业资源的减少，也会引起休闲农业产业格局的改变。

（五）生态农业资源的多用性

在生态农业系统中，某一资源具有多方面的开发利用价值，例如一条河不仅具有灌溉作用，同时也是休闲观光旅游的景点，还可以发展特色养殖。这一特点对于休闲观光农业的产业设计和优化具有重要的指导意义。

（六）生态农业资源潜力的无限性

这种潜力主要是指自然资源的种类、利用价值以及农业社会资源的无限性。在自然资源方面，某些目前没有利用价值的资源今后就有可能被利用，成为重要的新资源；原来利用范围较窄的资源今后被利用的范围可能变大，原来仅在一个领域利用的资源今后可在多个领域得到利用。例如，在400年以前，被墨西哥认为是毒草的番茄，现在已经是一种主要的蔬菜，被许多国家引种。社会资源也具有无限性的特点。例如，作为社会资源重要方面的人力资源的开发，就具有无限性，通过提高劳动者的智力素质，可以提高劳动生产率，其潜力是无限的。

三、合理利用生态农业资源的原则

生态农业资源的利用是否有序合理，决定了生态农业生产的可持续与否，这是由于在特定的生态农业系统内，承载生态农业产业的资源是有限的，是相互制约的。在开发利用时，应该综合考虑系统内的资源现状和特点，遵循生态农业资源利用的原则。这些原则主要有如下内容：

（一）因地制宜、因时制宜的原则

我国 960 万 km^2 的土地，经度和纬度的跨度很大，地域辽阔，农业自然资源分布在不同的区域，由环境各异的生态系统组成。各地的农业社会资源也千差万别。因此，在进行生态农业的设计规划时，一定要遵循因地制宜和因时制宜原则，紧密结合当地农业自然资源和农业社会资源的实际和特点进行布局，充分发挥不同区域的资源优势和生态功能，满足不同农作物、畜禽和水生生物的生长发育对环境条件的不同要求，挖掘不同资源的生产潜力，宜农则农、宜牧则牧、宜渔则渔。对于生态农业和休闲农业产业，因地制宜和因时制宜尤为重要，只有这样，才能发展各具特色的生态农业、休闲农业产业，才能发展多样化的、具有各自农业景观特色的乡村旅游业和假日休闲观光产业。

（二）资源利用与保护相结合的原则

生态农业的资源利用与保护是同一事物的两个方面，相辅相成，相互制约。必须将资源的利用和保护统一起来（即在利用中保护，在保护中利用），而不是将利用和保护割裂开（只讲无序利用不讲保护）。利用资源是为了满足人们的生活需求和社会需要，而保护资源则是为了保证利用的连续性和可持续性；利用资源是为了当代人的生存需求，而保护资源则是为了不危害子孙后代的需求。如果只讲开发利用，而忽略资源保护，那么，农业资源的利用将出现过度利用的无序状态，这种无序利用必将不可持续，不仅危害当今社会，而且危害未来社会或子孙后代。那么，应该如何做到资源利用和保护兼顾并举呢？研究认为，应该在生态农业的自然资源和社会资源利用与保护两方面着手。

1. 生态农业自然资源的利用与保护 在生态农业的生产过程中，应该根据不同的资源类型和特点，有针对性地制订资源利用和保护计划。例如，对于可再生自然资源，利用速度不可超过该资源的再生速度和能力，保持利用和再生的相对平衡，确保资源的可持续利用，防止利用超过再生以致自然资源的破坏和流失。对于系统内不可再生的资源，则要确定资源的储量和利用比例，保持合理的消耗速度，并提高资源的利用率，尽可能发挥资源的生产效益。

2. 生态农业社会资源的利用和保护 生态农业社会资源也是影响生态农业生产的重要方面。信息、人才等社会资源的利用和保护关系到生态农业、休闲农业、观光农业产业和企业的可持续发展。因此，在生态农业的社会资源利用和保护中，合理利用和保护信息、人才等社会资源，是发展生态农业产业的关键环节。以人才资源的利用和保护为例，加强人力资源的管理，提高劳动者素质，从而提高现代农业企业的管理效率。人才内部的合理分配、激励机制的建立，可以充分调动人才的积极性和创造性，从而实现生态农业升级，提高生态农产品的品质，提升休闲农业产业的景观趣味性，更好地服务社会。

（三）生态农业资源的利用与节约相结合的原则

生态农业生产的一个显著特征就是资源的节约，这是生态农业区别于传统农业的重要标志。多年来，由于我国的技术、设备和管理等方面的原因，在农业生产过程中，基本上还是粗放式管理，资源利用率低下，资源浪费现象十分突出，尤其是土地资源和水资源的浪费惊人。因此，农业资源的节约利用势在必行。近几年来，随着生态农业、精细农业、精准农业、休闲农业产业的实施以及耕地保护政策的落实，应该说我国农业资源的利用方式有所改善，资源利用率有所提高，但资源节约的空间和潜力仍然很大。首先，在农业资源的循环利用上大有可为。在生态农业系统内，稻草、秸秆可以养牛，牛粪可以肥田。其次，农业资源的精细利用。农业的复合式生产，种植业的套种、养殖业的混养，还有节约用水的滴灌措施等，都可以大大节约和高效利用土地资源和水资源，提高农业自然资源的生产力。再次，农业资源的回收再利用。在生态农业生产过程中，农业资源再利用的潜力很大，如利用锯木粉做三合板，利用植物秸秆制生物柴油，利用人畜粪便制作沼气能源等。最后，农业资源的环保处理。将农村的生活废水在蓄水池集中起来，养殖水葫芦等水生植物，吸收废水中的丰富营养，净化水质，培养的水葫芦又可作为养猪、牛的饲料。上述农业资源的节约利用对于生态农业以及在此基础上的休闲农业、乡村旅游业是至关重要的，这是由于农业资源的循环、回收利用，有利于农村生活垃圾处理利用，降低了人们生活对休闲农业环境的干扰，保持了乡村原生态的自然景观。

(四) 生态农业资源的综合开发、综合利用的原则

农业资源的综合开发利用是现代农业（生态农业、休闲农业、精准农业）的显著标志。资源综合开发利用意味着资源的高效利用、复合开发。在休闲农业产业开发过程中，要特别注重某一资源的综合利用，实现这一资源的多功能多用途。例如，一条河流，既要利用好其农业灌溉、水力发电价值，又要保护好水质，发挥其景观、垂钓功能，还要发挥其养殖、船舶运输、游乐功能。因此，在进行休闲农业产业的规划设计时，要特别注重开发范围内农业资源的属性，不仅要进行自然资源和社会资源的定性分析，还要进行资源组合中单一资源的多用途探究，以便充分开发利用各资源的价值和功能。

第二节　生态农业自然资源的合理利用、保护及污染治理

随着我国生态农业的普及和发展，以生态农业为基础的各种休闲农业和乡村旅游观光业也蓬勃兴起。那么，如何对农业自然资源进行合理利用和保护？如何建立与生态农业发展相适应的资源利用模式？如何在休闲农业的发展中对农业自然资源进行有序保护？这些都是我们必须面对和研究的问题。这里就生态农业、休闲农业产业的土地资源、水资源和生物资源及其环境治理进行比较深入的探讨。

一、土地资源的利用、保护及污染治理

土地资源的质量是发展生态农业和休闲农业的决定因素之一，因此，对土地资源的利用与保护必须与生态农业的要求相适应。然而，目前我国的土地现状不容乐观。

(一) 我国土壤存在的问题

1. 土地质量退化　有研究表明，目前我国的土壤质量呈下降趋势，主要表现在土壤肥力下降和土壤结构变差。而导致土壤肥力下降和结构变差的首要原因是土壤有机质含量下

降。研究者对我国南方水稻土壤的有机质含量的分析表明：土壤的有机质含量已从2%～4%下降到1%～2%。研究表明，土壤有机质下降将引起土壤矿质化和土壤腐殖化过程减弱，致使土壤腐生食物链作用减弱，同时导致土壤的物理性质、化学性质以及生物数量及结构发生变化，造成土壤的透气、养分供应能力下降，最终影响生态农业的产品品质和产量，也影响休闲农业产业中餐饮环节的食品原料质量和口感。

2. 水土流失　由于植被破坏而导致的土壤水土流失是全球性问题，我国是水土流失最严重的国家之一。据初步统计，我国的水土流失面积已达150万km^2，水土流失面积还在增加。而耕地是水土流失程度最大、危害最严重的。调查显示，目前我国耕地水土流失面积占总耕地面积的34.26%。水土流失会造成两大问题：首先是土壤养分随水流失；其次是土壤表层被地表径流带走。耕地水土流失导致土壤肥力下降，土壤理化性质改变，最终出现土壤石漠化，导致农业减产。

3. 土壤污染　由于大气污染、水污染，我国土壤污染面积和程度呈加剧趋势，土壤污染物主要是有机污染物和重金属污染物。加之农药和化肥的大量使用，导致土壤污染越来越严重，这对粮食安全、食品安全构成了极大威胁，也严重影响生态农业、休闲农业产业的推广。

4. 其他问题　土壤沙化、次生盐碱化以及耕地面积减少等，都是土壤面临的问题，都是我国农业发展和生态农业推广的制约因素。

（二）土壤问题与生态农业的关系

土壤和生态农业是相辅相成的，干净的土壤是发展生态农业的基础，是生产优质绿色农产品的必要条件。生态农业区别于传统农业的一个显著特征就是农产品的品质，即生态农业产业的各级产品都应该是绿色无污染的安全产品。而实现此目标的前提条件是土壤质量。只有土壤的物理性质、化学性质、生物组成健全，才能实现生态农业的高产和优质，在此基础上形成的休闲农业产业才更有生命力和吸引力。

（三）土地资源的利用、保护及污染治理

1. 土地资源的利用与保护　土地资源的合理利用和有效保护，主要通过如下措施和途径：

（1）加强土地资源的管理。主要通过建立基本农田保护制度和耕地保护法，确保耕地的数量和质量。提高非农业项目建设占用耕地的门槛，加大对侵占耕地行为的打击力度，确保耕地的红线。此外，可通过先进的遥感技术，对现有耕地进行监控，及时发现和查处非法侵占和破坏耕地的违法行为。

（2）因地制宜利用土地。目前我国的耕地总面积约为1.2亿hm^2，要实现我国有限耕地农产品产量的最大化、产品多样化、生态化，唯一的途径就是因地制宜地利用土地，宜农则农，宜牧则牧，宜渔则渔。在种植方面，使每个区域的土壤都种上适宜的农作物，获得最大的产量；在耕作方式上，对25°以上的坡地禁止开发，已有的耕地要进行退耕还林、还草；对25°以下的斜坡耕地要进行梯田改造，防止水土流失。

（3）加强土地资源的综合治理。种地就要养地，只种地不养地，势必会导致土壤贫瘠，保持科学养地是农业高产稳产、生态农业产业可持续的保证。而科学养地又必须对症下药。一般来说，合理施肥，增施有机肥，提高土壤肥力，可以改善土壤结构，提高土壤质量；对于次生盐碱化的土壤，则应合理灌溉，改善土壤的理化性质，使土壤质地向好的方向发展；

水土流失严重的地区，应恢复植被，结合适当的工程措施，并辅之以生物工程措施，以期减轻水土流失的危害；对于土壤沙化严重的地区，则要建设防沙植被带，种植适应性强的沙地植物，防沙抗沙。

（4）实行土壤的综合利用和立体开发。如何在有限的土地上生产出更多更优质的粮食，对于人口多土地少的我国来说至关重要，也是一直以来专家们研究和探索的课题，还是现代农业技术以及生态农业、休闲农业和乡村旅游观光业的潜力所在。根据生态学的生物共生原理，在同一土壤环境内可以容纳不同的生物个体，这给土壤的综合开发和利用提供了科学依据。事实上，传统农业中的套种就是综合利用的雏形。后来的种养结合、复合式的立体开发都是土壤综合利用的发展，也积累了许多成功的经验。现在的生态农业模式、休闲农业模式都体现了土壤综合利用的理念和思路，不论对休闲农业产业的景观，还是休闲农业产业中绿色食品多样化，都是非常有益的和必要的。

2. 土壤污染修复、治理

（1）土壤污染的概述。土壤污染是指人类活动产生的污染物进入土壤并积累到一定程度，超过土壤的自净能力，引起土壤环境恶化的现象。中国土壤污染已呈现多样化和复杂化。目前，导致我国土壤污染的污染物种类繁多，如无机污染物、有机污染物、放射性污染物和生物污染物等。土壤污染物主要来源于农用化学物质如农药、化肥及有机生物肥的施用、污水灌溉和污泥施肥、矿山尾矿、危险废弃物、油泥、电子废弃物以及其他工业废弃物堆存、集约化畜禽养殖等。20 世纪 80 年代前，中国存在的土壤污染问题主要以重金属污染为主。近年来，土壤污染呈现出新老污染物并存、无机有机复合污染的局面。土壤中除重金属污染外，既有农药、农膜、抗生素、病原体等污染物，又有持久性有机物（如多氯联苯、多环芳烃、二噁英等）、放射性物质等污染物。其中，持久性有机物甚至已成为局部地区土壤中主要的有毒有害污染物质。浙南、苏南地区部分土壤出现毒性大、具有内分泌干扰作用的二噁英、多环芳烃、多氯联苯、塑料增塑剂、农药等复合污染，强致癌物苯并芘最高检出含量超过 200 μg/kg。与常规污染物不同，持久性有机污染物在自然界中滞留时间长，极难降解，毒性很强，并会顺着食物链放大，对人类和动物危害巨大。研究表明，持久性有机污染物致癌、致畸、致突变，还会干扰人体的内分泌，对人类的影响会持续多代。

我国被重金属污染的土壤面积十分惊人，并以较快的速度递增。据统计，我国遭受不同程度重金属污染的耕地面积已接近 0.1 亿 hm^2，污水灌溉污染耕地约 216.7 万 hm^2，受重金属污染的土地面积占 64.8%，固体废弃物堆存和毁田约 13.3 万 hm^2，合计约占耕地总面积的 1/5。如此大面积的污染严重危害我国农作物生产和粮食安全，据估算，每年因重金属污染导致的粮食减产超过 1 000 万 t，被重金属污染的粮食多达 1 200 万 t，合计经济损失至少 200 亿元。其中土壤汞污染和镉污染最普遍。调查显示，我国约有 3.2 万 hm^2 的耕地受到汞的污染，涉及 15 个省份的 21 个地区；受土壤镉污染的面积达 1.3 万 hm^2，涉及 11 个省份的 25 个地区。调查还表明，天津、重庆、贵州、福建、河北、广西、珠江三角洲、北方河套地区等许多地区都发现了不同程度的汞（Hg）、镉（Cd）、铬（Cr）、砷（As）、铅（Pb）、铜（Cu）、锌（Zn）、镍（Ni）污染。根据 2000 年中国环境状况公报，对 30 万 hm^2 基本农田保护区土壤有害重金属抽样监测，其中 3.6 万 hm^2 土壤重金属超标，超标率达到 12.0%；这一年，河南省在基本农田保护区采集的 110 个土壤样品中，重金属检出率为 100%。难清除的重金属在土壤中能长期积累，致使局部地区土壤污染负荷不断加大。1990 年和 2002 年，浙江省对杭嘉湖地区 7 312 km^2 范围的土壤进行了网格法采样和分析，1 812 组的对应数据统计分析结果表明：在 12 年内土壤中镉、砷、铜、氟、锌和硒等 15 种元素含量积累明显。根据原国家环保总局南京环境科学研究所 2005 年 7 月发布的《典型区域土壤环境质量状况探查研究》，"珠三角" 近 40%的农田菜地土壤重金属污染超标，其中严重超标的面积占 10%。2008 年以来，我国相继发生了贵州独山县、湖南辰溪县、广西河池、云南阳宗海、河南大沙河地区 5 起砷污染事件；2009 年 8 月以来，又发生了陕西凤翔儿童血铅超标、湖南浏阳镉污染及山东临沂砷污染事件。目前，大多数城市近郊耕地生产的粮食、蔬菜、水果等农产品中，镉、铬、砷、铅等重金属含量超标或接近临界值。上述种种数据表明：土壤重金属在土壤中的积累已经由量变到质变，到了严重危害人的身体健康、威胁人的饮食安全的程度。

（2）土壤污染对生态农业作物生长发育的影响。大豆的生长发育对土壤镉很敏感，微量的镉都会导致大豆胚发育的畸形，也会影响大豆组织中各种酶的活性。研究认为，土壤中的镉在 5 mg/L 以上即可发生新梢黄化现象，浓度更高时可出现茎端停止伸长、萎缩，叶脉和叶柄出现紫褐色。研究认为，水稻受到重金属污染后，其植株处于重金属胁迫环境中，将产生不同程度的伤害。根据胁迫理论，任何逆境都会使植物光合速率下降，同化物形成减少，叶绿体受伤，合成酶的作用下降，水解酶的作用增强，从而引起植物体内生理生化指标变化，而且，重金属还能与植物体内的某些酶螯合，破坏酶活性。

植物种子对土壤中主要重金属（汞、镉、铅、铬等）非常敏感。试验表明，水中 6 价铬离子（Cr^{6+}）浓度高于 0.1 mg/L 时，就开始抑制水稻种子的萌发；在同样的 6 价铬离子浓度条件下处理小麦种子发现，小麦种子的萌发受到明显抑制；同样，对番茄的种子萌发也有显著的抑制作用。

（3）土壤污染对生态农产品品质的影响。在生态农业系统中，与农产品质量关系最密切的莫过于土壤，土壤的质量和理化条件不仅决定了农作物的生长和发育，更决定了农产品的品质。对植物来说，土壤是最大的污染源，土壤被污染后，污染物从植株根部被吸收进入植物体内，部分被植物中的酶分解，部分在植物细胞中的液泡等细胞器储存而残留。残留物可能是重金属、农药，也可能是各种有毒有机化合物。除了污染物的残留之外，土壤污染对农产品营养成分的含量和比例也会造成很大影响，这是由于各种类型的土壤污染都会影响蔬菜水果中糖、蛋白质、脂肪的合成，有的污染物抑制维生素的合成，有的污染物影响水分的含量。这就是同一品种的水果在不同土壤中栽培，其果实口感不一样的原因。

（4）土壤污染对生态农产品加工链各环节产品的影响。目前，我国的食品加工工业蓬勃发展，数以万计的奶粉、蛋白粉、食品罐头等产品都是以农产品为原料加工而成。农产品加工中，原料的质量决定了各环节产品的质量。生态农业的产品是食品加工业理想的加工原料，天然无污染的农产品在加工各环节得到良好控制的条件下，生产的成品品质有保障，是消费者欢迎的放心食品。土壤被污染，会造成农产品农药、重金属等污染物的残留超标，用含有超标残留物的农产品作为食品加工的初级原料，加工各环节的产品质量可想而知。尽管食品加工产品的质量与加工过程中的生产条件控制有关，但加工原料的干净与否是最关键的。

（5）土壤污染对生态农业休闲观光者饮食安全的危害。由于土壤污染有其隐蔽性，休闲农庄的土壤质量变化往往难以发现，污染物进入土壤往往有多个渠道，污染物可以通过灌溉、空气、施肥以及生活垃圾等途径进入土壤，防不胜防。农庄的土壤一旦被污染后，农庄生产的蔬菜和水果的品质就会受到威胁，前来休闲观光的游客的饮食安全就得不到保障，慕名而来的游客所吃“绿色蔬菜”可能是被污染的蔬菜，吃的“土鸡”也已经不是土鸡，这些被污染的农庄特色产品无论是色泽还是口感都不正宗，不是游客想要的生态口味。

（6）土壤污染的修复和防治。

① 工程措施。在生产实践中，为了降低和消除土壤重金属的污染和危害，人们最初采取改土法、电化法、冲洗络合法等工程措施以降低重金属的溶解性。其中，改土法最为常用，此法是对被污染的土壤进行改造，以改变土壤的质地和结构，恢复其正常的理化性质和生物组成，使土壤生态系统的功能正常发挥。一种方法是在被污染的土壤上覆盖厚度约40 cm的一层非污染的土壤，使生长在其中的农作物免于下层重金属的危害；另一种方法是将污染土壤部分移走换以非污染的土壤，新土壤的量因地而异，一般覆土和换土的厚度大于耕层土壤的厚度。此法适用于小范围且重金属污染严重的土壤治理，在英国、美国、加拿大、荷兰、芬兰等国家最早开始使用，效果较好。这种方法虽然比较原始，但实用且效果较好，不过由于在操作过程中需花费大量的人力与物力，且占用土地，导致一定的空气污染，因而，并不是治理土壤重金属污染的理想方法。

② 农艺调控法。该方法是通过调节土壤的pH、有机质含量、碳酸钙（$CaCO_3$）含量等因素，改变土壤重金属活性，降低其生物有效性，减少从土壤向作物的转移。这是由于作物从土壤中吸收重金属，不仅取决于重金属在土壤中的含量，而且也受土壤的性质、栽培方法以及耕作制度等农艺措施的影响。目前该法主要通过如下措施控制土壤重金属：一是提高土壤 pH。土壤重金属的活性与土壤的 pH 关系很大。例如，镉（Cd）的活性通常受土壤酸碱性的影响很大。当土壤 pH 升高，土壤颗粒的表面负电荷将增加，从而增加对镉离子（Cd^{2+}）的吸附；同时，提高土壤 pH 能促进生成碳酸镉（$CdCO_3$）沉淀，逐渐降低土壤中镉（Cd）的活性。Naidu 等在镉污染的酸性土壤中施用碱性物质如石灰（750 kg/hm^2），使土壤中镉有效态含量降低15%左右。研究表明，在旱地和水田中施用石灰都能达到有效态镉的降低，尤其是在发育于不同母质的旱地黄筋泥、水田黄筋泥、旱地红沙土、水田红沙土上施用石灰，有效态镉明显减少。二是调节土壤氧化还原电位（Eh）。土壤 Eh 影响土壤中重金属的存在形式或状态，并影响它们的活性和转化、迁移能力。因而，土壤中的重金属毒性与土壤中的水分状况密切相关。在水田灌溉时，由于水层覆盖形成了还原性的环境，土壤中的 SO_4^{2-} 还原为 S^{2-}，有机物不能完全分解而产生硫化氢，与镉生成溶解度很小的硫化镉（CdS）沉淀；水中的 Fe^{3+} 还原成 Fe^{2+}，与 S^{2-} 生成 FeS 沉淀。由于镉在土壤中具有很强的亲硫性质，与之形成沉淀，降低镉的活度，而难以被作物吸收。陈涛于 1980 年通过水稻的盆栽法研究发现，在抽穗后进行盆土落干处理，最后检测显示，稻谷籽实的含镉量比正常灌水的高出 12 倍。这个试验表明，土壤水分对重金属在植物中的转移影响很大，通过调节土壤水分可以控制重金属在土壤植物系统中的迁移，如在条件允许的地方，将旱田改水田种植水稻，可以降低土壤中的氧化还原电位，能够明显降低土壤中镉的活性，可减少对水稻的危害并明显降低稻米中镉的残留。三是增施有机肥。由于有机肥含有大量官能团和较大比表面积，能促进土壤中的重金属离子与这些官能团形成重金属络合物，提高土壤对重金属的缓冲性，减少植物根的吸收，阻碍重金属进入食物链。而且，有机肥还能改善土壤的理化性质、

增加土壤的肥力而影响重金属在土壤中的形态及植物对其的吸收。试验表明，向镉污染土壤中施入有机肥后，土壤吸附镉的能力大大增加。镉如此，其他重金属也是这样。四是土地利用转型法。该法多采用调整农作物布局，利用污染土壤种植非食用植物，如花卉、观赏植物、经济林木，也可种植麻类、棉花等经济作物减弱重金属在食物链中传递。其实质是改变被污染土壤的利用性质，切断污染物进入食物链的途径，对那些重金属污染严重的土地，在重金属不直接对人体产生危害的情况下，可转为建设用地。这种方法常用在污染严重的大城市郊区或厂矿周围。这种转型，不仅没有浪费被污染的土地，通过改变土地用途而产生同样的产出或价值，甚至产生比农用更大的产出。这种方法在那些污染严重、治理成本很高的地方尤其值得采用。五是选择合适的耕作制度和作物品种。这种方法旨在通过采用一定的耕作方式和栽种特定的农作物品种而最大限度地规避重金属污染和农产品残留。邹学校等通过大棚种植和基地种植进行了镉低积累蔬菜品种（包括辣椒、黄瓜）筛选研究（图 6－1、图 6－2），并联合湖南长沙、株洲、湘潭 6 家科研单位对湖南省莴苣、萝卜、豇豆、小白菜等的主要推广品种进行了广泛筛选。

图 6－1 镉低积累辣椒大棚筛选

图 6－2 镉低积累黄瓜种植试验区

③ 生物修复。土壤的生物修复主要包括植物修复、微生物修复和动物修复。

利用植物修复主要集中在对超富集植物的研究，提高超富集植物的生物量和生长速度，从而提高植物修复的效率，与此同时，结合共生的微生物系统来实现对重金属污染环境的修复。这种结合为生物联合修复指明了方向，并取得了较大突破，其中，植物根际-微生物修复技术、植物-动物-微生物联合修复技术以及生物-化学修复技术都已经得到了广泛使用，开发潜力很大。

利用微生物修复可以降低土壤中重金属的毒性，改变根际微环境，吸附积累重金属，从而提高植物对重金属的吸收或固定效率。微生物对土壤重金属的修复作用是多方面的，不仅微生物个体本身对重金属有吸附、吸收、固定等作用，而且，其分泌物还可以与重金属发生络合、螯合及活化作用。因此，微生物可以与植物和动物联合产生比微生物单一作用更大的复合修复作用。如硫酸还原菌、蓝细菌、动胶菌及一些藻类具有产生胞外聚合物的能力，这些胞外聚合物可与重金属离子形成络合物。此外，微生物可使还原态重金属氧化，如无色杆菌、假单胞菌和部分放线菌能使亚砷酸盐氧化为砷酸盐，从而降低砷的转移和毒性。菌根菌还可以提高重金属在植物根系中的浓度和吸附量。研究表明，丛枝菌根有助于消减铜（Cu）由玉米根系向地上部分的运输，从而减少玉米籽粒中铜的残留量，其实质是丛枝真菌能极大提高铜在玉米根系中的浓度和吸附量，而地上部分的铜离子浓度和吸附量变化不显著。许友泽等研究也表明，未杀菌土壤中土著微生物对 6 价铬离子具有很大的吸附量，通过 7 d 淋溶，培养基中未检测到 6 价铬离子的存在。

利用动物修复。土壤中的动物是一大生物群落，土壤空间中活动着许多种动物，包括昆虫、蚯蚓、鼠类等，这些动物的代谢活动对植物和微生物的生长代谢往往是有益的，它们能疏松土壤，同时也吸收积累一定量的重金属。有研究表明，蚯蚓对不同重金属的吸收量存在差别，对不同重金属有不同的耐受性。陈志伟等用威廉环毛蚯蚓进行实验，在土壤投加汞 10 mg/kg，蚯蚓能存活；投加砷 100～300 mg/kg 及同时投加镉、铜和铅各 10 mg/kg、300 mg/kg、300 mg/kg 时，蚯蚓死亡；在所投加的重金属中，蚯蚓对砷的富集最大，其次是镉、汞和铜。陈玉成等研究发现，蚯蚓不容易富集汞，而容易富集砷和镉。寇永刚通过在不同铅浓度下培养蚯蚓的实验发现，蚯蚓对铅有较强的富集作用，并且随铅的浓度增加而增加，进一步论证了动物修复在重金属污染土壤治理中大有可为。

二、水资源的利用、保护与污染治理

水资源在生态农业建设和休闲农业产业实施过程中发挥着基础性作用，水资源的数量和质量与生态农业和休闲农业密切相关，也决定着生态农业和休闲农业的类型和生产潜力。因此，水资源的利用和保护对生态农业和休闲农业的发展具有十分重要的意义。

（一）我国水资源的现状和存在的问题

1. 水资源相对较少 我国水资源总量约为 2.8×10^{12} m^3，居世界第六位。其中多年平均河川径流量约为 2.7×10^{12} m^3，占全球陆地径流量的 5.7%。但是我国人口众多，人均水资源占有量仅为 2 100 m^3，居世界第 109 位，为世界人均水资源占有量的 20%。在农田灌溉方面，我国平均水资源为 27 208 m^3/hm^2，被列为居世界第 13 位的贫水国。

2. 水资源分布不均 我国 960 万 km^2 的疆土，环境异质性明显，不同区域的降水量差异很大，南方较多（台湾年降水量达到 4 000 mm），北方较少（西北局部地区的年降水量不足 50 mm）。这种年降水的地带性差异导致我国南方和北方具有不同类型的农业，即南方的水田农业和北方的旱作农业。水资源的这种地带性和季节性差异，还导致地区性洪涝和旱灾。在南方，洪涝灾害频发，水土流失加剧，造成湖泊的湖底、江河的河床抬升，水库的库容量降低，加剧洪涝灾害，如此恶性循环。而在北方，则旱灾频发，人畜饮水困难，农业减产甚至绝收。

3. 水环境恶化 水环境的恶化主要表现在：①地下水过度开采。由于过度开采地下水而造成地下水水位下降，地面沉降明显，沿海地区局部引起海水倒渗，导致耕地大面积盐碱化。②水污染严重。工业废水和生活废水的直排或不达标排放，造成我国大量的江河、湖泊水体被污染，水体的生态环境日益恶化，水质性缺水现象严重。③水体富营养化。水环境恶化的另一个现象就是水体富营养化，这是由于大量使用化肥以及洗衣水等生活废水直排，使部分氮、磷、钾等养分随地表径流进入自然水体，形成水域富营养化，引起水生藻类大量繁殖，藻类和水生植物死亡分解消耗大量氧气，使水质进一步恶化。

4. 水资源利用效率低 由于我国目前的农业灌溉技术落后，灌溉设备及配套设施不全，普遍采用面灌和漫灌方式进行农田的灌溉，水资源浪费很大，水资源的使用效率低下。工业和城市生活用水浪费也相当惊人，主要体现在自来水管网陈旧引起的滴漏以及节约用水意识淡薄而造成的水资源浪费。另外，工业废水重复利用率低，既浪费了水资源，又加重了河流、湖泊的水污染。

（二）水资源的合理利用和保护

为了解决我国水资源分布不均的先天不足和人为引起的水环境破坏，我国应从以下几个方面做出努力：

1. 加强水利基础设施建设　通过水利设施的建设，增加蓄水、供水能力；通过水利设施的建设，增强地区间的水量调节。目前，我国的南水北调工程正在建设之中，工程完成后将大大缓解北方的缺水问题。1949 年以来，我国的农田水利设施建设取得了巨大成就，星罗棋布的水库、山塘和数千千米的水渠为蓄洪、灌溉、抗旱发挥了巨大作用。今后，政府将加大投入，新修和完善水利设施，特别是加强农田水利设施建设，包括现有病险水库的加固、修缮和提质，提高水库的蓄水和灌溉功能。

2. 节约用水　从“节约闹革命”到“建设节约型社会”，我国历来重视资源的节约。然而，在水资源节约方面，与节水型国家（如以色列等国家）相比，我国还存在较大差距，应该从如下几个方面入手：首先，改变农业的传统用水方式，由粗放向精细过渡，在水资源不足的地区，采用喷灌、滴灌等措施，避免水资源的浪费；其次，优化土壤结构，提高土壤的保水保肥能力，降低水的消耗；最后，通过设施农业如薄膜覆盖、大棚、日光温室等设施，控制局部环境的温度和湿度，也可大大降低水的使用量，节约用水。在城市，工业和生活用水仍有较大节约空间。可以通过工艺改进减少水的消耗；可以防止自来水管网的滴漏而降低水的损耗；可以改变用水习惯、培养节约用水意识而减少用水。

3. 水资源的区域调节　我国水资源地域性的分布不均，造成南方水资源相对过剩，而北方则处于缺水状态。解决这一先天不足，可以通过水资源的区域调节，解决局部水资源匮乏的问题。目前，南水北调工程就是水资源区域调度的典型实践，必将产生很大的生态效益和社会效益，成为水资源的区域调节调度的榜样。今后，我国应加大地区性水资源调节的建设力度，建设更多的水渠和输水系统，提高水的灌溉能力，增加水资源利用的覆盖面积。

4. 加强废水的重复利用　我国每年产生的工业和生活废水还有利用的价值和潜力，工业上的冷却用水和生活中的冲厕所、浇花用水等都可以采用废水。工业上的冷却用水就完全可以利用工业废水，实现废水的循环使用。目前，我国家庭住房仅有自来水管网，而没有废水二次利用的管网，使家庭的废水回用不便，在这方面还大有改造的空间。

5. 综合利用和保护水资源　水资源一个明显的特征就是其多用性，水资源可以灌溉、运输、养殖、发电、种植、清洗、溶解、观赏、水上游乐等，人类应该将水资源的多功能发挥到极致。因此，要综合利用水资源，做到多渠道、多层次、多途径地利用水资源，使水资源的用途最大化、功能最大化，提高水资源的生产效率。在使用水资源的同时保护水资源，既保证水的数量，又保证水的质量，建设良好的水生生态系统，保持水体的良性循环以及自我净化。

（三）水资源的利用、保护与生态农业、休闲农业的关系

水资源的量和质关系到生态农产品的产量和质量，也关系到休闲农业的景观生态、饮食安全。无论生态农业、休闲农业的规划设计选址，还是生态农业生产过程、休闲农业的产业

类型都十分注重水源和水体数量与质量，良好的水资源是生态农业生产的前提条件，高质量的水源是休闲农业的一个要素。因此，水资源的合理利用和有效保护一直是生态农业建设和休闲农业产业研究的热门课题，也是生态农业和休闲农业成功的关键。

（四）水污染的治理

1. 水体污染的概述 水体污染是指排入水体的污染物超过水体的自净能力，改变了水体的理化性质的现象，包括自然污染和人为污染。自然污染是自然环境中的污染物进入水体，例如温泉可将盐类和重金属带入水体造成污染，水生植物的代谢腐烂可释放有害成分而污染水体。人为污染是人类的生产和生活过程中产生的污染物进入水体所造成的污染。造成水体污染的污染物包括：无毒无机物、有毒无机物、无毒有机物、有毒有机物、放射性物质、生物污染物质以及水体热源污染。衡量水体污染主要通过检测水体悬浮物、生化需氧量、化学需氧量、总有机碳、pH、细菌数、有害有毒物质等指标。休闲农庄的水体污染有两种情况：一是水源受到外来污染；二是休闲农庄范围内的生活污水的排放造成污染。

2. 水体污染对生态农产品品质的影响 水体污染后，通过灌溉作用，污染物将进入土壤，造成土壤污染，并被农作物的根部大量吸收而进入植株内部，导致农产品有毒物质（重金属和农药等）的残留和超标。而且，水体污染将影响农产品蛋白质、糖类等营养成分的含量和相对比例。有研究表明，用镉超标的水浇灌梨园，梨的含糖量明显下降；用砷超标的水浇灌甘蔗，甘蔗的果糖含量明显下降。对于生态农业生产，每一个环节的控制都很重要，但最重要的是水源的监控，必须确保生态农业基地或生产地水质的安全和干净。目前，国外先进的生态农业基地，生产过程都有严格的全程监控，自动化水平高，其中就包括对水源和灌溉用水的监测。

3. 水体污染对休闲农庄景观的影响 除了生态化水平较高之外，休闲农业的一个重要特征就是本身的景观。每一个农庄的规划建设都很重视选址，特别注重自然风光和旅游资源。一般来说，理想的休闲农庄都有水系，是农庄景观的重要组成部分。水系的质量自然影响其呈现的景观，山清水秀是休闲农庄应该具备的环境资源和旅游资源。城市人利用节假日去休闲农庄放松心情，亲近自然，享受绿水青山之美，感受人与自然和谐统一，对他们的身心健康非常有利。如果农庄的水源受到污染，若得不到及时处理，尽管短期内在景观上表现不明显，但长时间的积累，水体的透明度将下降，水质会变得污浊，甚至变黑发臭，会严重影响农庄的自然景观，使农庄的旅游价值大打折扣，也会影响农庄的水上游乐设施经营。

4. 水体污染对休闲农庄游客身心健康的影响 休闲农庄是集休闲、娱乐、观光、餐饮于一体的生态化水平较高的地方，其综合功能的正常发挥需要自然资源作为基础。而水体是休闲农庄最重要的自然资源。如果农庄的水源和水体受到污染，不仅影响水上景观，还关系到饮水安全、餐饮安全和食品口感，农庄生产的产品在烹饪过程中就会失去独特的乡土气息和生态味道，那么，休闲农庄的原生态餐饮环节的质量和特色就难以保证。

5. 水体污染的防治 休闲农庄范围内的水体质量控制和污染防治根据污染情形不同而采取不同的措施，并进行综合性的防治措施。

（1）严格的监测。对于休闲农庄的水源，要进行日常严格的检测，在源头杜绝污染，为生态农业和休闲农庄产业把好第一关。当监测显示有异常情况时，应该立即查找污染原因，寻求解决办法。

（2）建立循环过滤系统。一旦监测到水源不合格，则应该将异常水体调入农庄的水体循环过滤系统，进行净化处理直至符合农庄的水质标准。

（3）建立生活污水的处理系统。处理系统一般包括一级处理和二级处理环节。在休闲农庄的运营过程中，每天产生的生活污水不能直排，而应该收集起来进行一级和二级处理。

一级处理：一般采用物理方法，通过格栅、过筛或沉降，以除去污水中的固体污染物和悬浮物，然后加氯消毒后再作为浇花用水或进入二级处理。

二级处理：在经过一级处理后，再进行生化处理，提高净化率。二级处理环节主要通过曝气处理，经过微生物的吸附和氧化作用，将废水中的大量有机物降解，使水体得到净化。此环节包括曝气池、沉淀池、加氯器等组件。

（4）氧化塘法处理。若农庄没有建设自身的污水处理系统，也可采用氧化塘法对生活污水进行自然氧化处理。该法是利用农庄内的库塘、低洼地对生活污水进行净化处理的生物工程措施。这种氧化塘又分为好氧塘、兼性塘和厌氧塘等。

好氧塘：此类塘的水深较浅，仅为 0.3～0.5 m，阳光能够直射塘底，主要由藻类的光合作用供氧，利用好气细菌的氧化作用净化废水。由于水体含有大量的藻类，在排放前应该进行沉淀和过滤，除去大量的藻类。这种净化塘有的还利用增氧曝气设施对塘内进行增氧，以强化净化效果，缩短处理时间。

兼性塘：塘的水深 1.5～2.5 m，通过氧化作用和厌氧反应来降解废水中的有害有机物，净化后再排放。

厌氧塘：此类塘的水体较深，一般为 2.5～5 m，有机物通过厌氧菌的降解作用除去。厌氧塘的废水停留时间一般为 30～50 d，且产生臭气，释放的甲烷难以回收利用，多用于废水的预处理，再进行好氧处理。

（5）污水的土地处理系统。这种方法是利用土地的过滤作用净化废水，成本低，效果好。研究认为，土地及生物系统对污水处理的潜力很大，是一个值得开发利用的自然废水处理系统。其实质是生活废水通过排污管道而进入土地净化系统，经过土地-生物系统的吸附、降解作用等一系列复杂过程，除去废水中的污染物，实现净化的目的。需要指出的是，用来处理污水的土地应为普通湿地，而不能是耕地。由于休闲农庄一般土地面积较大，具备利用土地系统净化生活污水的条件。该法通常包括三种形式：

① 慢速渗滤：农庄的生活废水进入土地过滤系统，经过较长距离的慢速渗滤，达到净化。

② 湿地处理：利用天然或人工湿地对污水进行较大规模的净化工程，处理费用很低，是大型农庄进行废水处理的常用方法。

③ 地下渗滤：农庄的生活废水从管道流出，向土地表层渗透，水中的养分被草皮利用，出水清澈透明。这在国外的休闲农庄用得较多，效果很好。

三、生物资源的利用和保护

生物资源的合理利用和保护对于农村自然景观的培养是非常重要的，也是休闲农业发展很重要的一个方面。由于农业生产的时间节律分明，呈现相应的四季农业生物结构，每个季节都有相应的季相和自然景观。例如，我国云南曲靖农村有种植油菜的习惯，乡村油菜花盛开的季节，典型的季相和特有的乡村外貌构成一道独特靓丽的风景线。成片成块黄灿灿的油菜花，香飘四溢，使乡村的自然景观锦上添花，引来无数的蜜蜂，也成了人们节假日休闲观光的好去处。城市人的眼球都纷纷看过来，走近连片的油菜花，观赏合影，其乐融融。可见，生物资源是自然景观中最生动鲜活的部分，也是最灵动、最出彩的部分，森林、草原、农作物以及水生生物都构成了自然景观中的主角，对这些生物资源的利用和保护，于生态、于景观都具有十分重要的意义。

（一）森林资源的利用与保护

1. 森林资源现状及存在的主要问题 我国森林面积约为 1.3 亿 hm^2，占世界森林面积总量的 3%～4%，是一个森林资源相对贫乏的国家，而且，森林资源结构不合理，存在着结构和分布不均衡等问题，加之在利用过程中缺乏科学管理，受眼前利益驱动过度采伐而疏于保护，人为地乱砍滥伐、毁林开荒和森林火灾，导致我国森林资源的利用与保护形势不容乐观，局地的森林资源下滑很快。

2. 森林资源的利用和保护途径 森林资源利用和保护工作最迫切的任务就是增加森林资源的储备量，其次就是优化森林结构和布局。前者就是要大力植树造林，绿化祖国，封山育林，遏制乱砍滥伐的现象，加强森林资源管理，提高速生丰产林面积，开发木材综合利用技术，确保林木总量的增长和资源的增加。近 10 年来，我国通过退耕还林、还草和全民植树，应该说取得了很大成绩，消灭了许多荒山，恢复了大量植被，山变绿了，植被变厚了。但是在植树造林过程中，普遍存在着管理不到位的问题，“植树多，成活少”的现象时有发生。因此，今后应切实加大管护力度，做到栽一棵、活一棵，栽一片、成一片，提高植树造林的质量，提升绿化祖国的水平。另外，在改善森林资源不合理结构方面，应该注重苗木的繁殖技术，丰富林木品种，提高树木的种类多样性。

3. 森林资源利用、保护与生态农业、休闲农业的关系 森林是一个具有多种功能的生态系统，合理利用和保护森林资源的主要目的之一就是维护生态平衡，稳定生态系统，维系生物多样性，保持水土，降低泥石流等自然灾害。而生态农业成功的前提条件就是良好的生态环境，生态农业的产品品质与安全稳定的生态环境密不可分。森林资源保护了，生物多样性就会丰富，为生态农业和休闲农业产业中植物病虫害的生物防治提供了必要条件，可以避免农药的使用，从而生产绿色无污染的农产品。从景观角度上说，森林是自然景观比例最大的部分，茂密的森林和多样化的林木品质使物候季相、外貌特征更加分明，郁郁葱葱，丰富多彩，结合农业植物的景观，将呈现独特的乡村自然景观，这是休闲农业的底色，是生态旅游、乡村特色旅游和休闲观光的必不可少的成分。

（二）草场资源的利用与保护

植物中除了木本植物之外，就是草本植物。草本植物构成的草原、草甸等草地资源是重要的农业自然资源，不仅是草地畜牧业的基本生产资料，也是陆地生态系统中的重要成员，是生态系统中的物质循环和能量流动的载体。

1. 草场资源利用与保护的现状和存在的问题 我国的草地面积很大，大部分是天然草地，总面积约为 2.86 亿 hm^2，位居世界第二位，占我国土地总面积的 29%。从数字上看，我国的草场资源很多，实际上，庞大的草场面积中还存在着大量的质量很差、位于干旱和半干旱以及高寒区的草场资源。除了草场资源本身的质量问题以外，对草场资源的利用还存在着滥垦、滥牧和滥采现象，导致草场资源被严重破坏。大部分草场被过度利用，超载过牧现象十分突出，导致草场资源退化严重。此外，南方部分山地和滩涂草地还有很大的开发潜力，却没有开发利用，草场资源浪费严重；北方地区一些农民将草地改种粮食，弃耕后荒置沙化。再则，草原的风沙致使沙漠向四周扩张，吞并草场，呈现“沙进人退”的现象。

2. 草场资源的利用与保护途径　可持续的草场资源利用和保护途径包括以下措施：

(1) 科学规划、合理放养。对于有限的草场资源要进行合理的规划，根据草场的生长情况，划定丰裕区、恢复区、脆弱退化区、安全区等区块，在此基础上，划定禁牧区和适度放养区，防止过牧和超载现象。做到合理放养，确定合适的载牧量，及时调整畜群结构，科学放养，做到牧与草共生长。

(2) 严格管理，杜绝滥垦滥采行为。滥采滥垦是破坏草场资源的一大杀手，滥采滥垦往往使草连根拔起，使草地生态变脆弱，植被恢复缓慢。因此，要采取严格保护措施，加大执法力度和草原监控力度，提高违法成本，使违法者付出高昂代价，将滥采滥垦对草场资源的损毁降低到最低限度。

(3) 开发生态技术，实施防沙抗沙工程。绿洲被沙漠吞没每天都在发生，风沙对草场构成了极大威胁。为了遏制沙漠的疯狂推进和侵袭，人类不能被动地退让，拱手将绿洲让给沙漠，而应该主动地抗击风沙。通过开发抗旱草种和树种，在沙漠中培育绿洲和抵御风沙的绿化带，战胜风沙的侵袭。目前，西北地区在沙漠中的人工植树已经有了一些好的经验和尝试，开发了沙漠地带的草木种植技术，取得了喜人的成果。

3. 草场资源的利用保护与生态农业和休闲农业的关系　草原是一类重要的自然景观，深受游客的喜爱。目前，我国拥有丰富草场资源的新疆和内蒙古，每年游客的接待量逐年递增。研究认为，丰富的草场资源不仅是独特的自然风光，也是建设生态农业（牧业）的先决条件，还是建设草原式休闲农业的基础。草原的开发利用不仅可以发展生态牧业，也可发展生态种植业。在牧业方面，草原作为天然牧场不仅生产绿色无污染的肉类，也是绿色奶产品的来源。在种植业方面，草原种植业带来的不仅是种植业本身的经济收入，也可大大带动和促进草原休闲观光旅游。据统计，新疆吐鲁番葡萄成熟的季节，以葡萄产业为主的休闲农业所创造的旅游收入占吐鲁番总旅游收入的35%以上，在这里既可游草原又可摘葡萄，游玩的性价比高，深受人们的青睐。因此，在草场分布地区，进行蓄草护草工程，就是保护生态农业、牧业产业，就是保护当地的特色旅游业，让“风吹草低见牛羊”的美景永不消失。

（三）渔业资源的利用和保护

渔业资源包括海洋渔业资源和淡水渔业资源，是水生生态系统的生物部分，构成水生生态系统的生产环节，对水生生态系统的物质循环、能量流动和平衡起着决定性作用。

1. 渔业资源的现状和存在问题　工业化导致的水环境污染呈加重趋势，水生生物的生存环境越来越差，致使水生生物的种类逐渐减少；沿海和近海渔业资源遭到严重破坏，经济鱼类品种大幅减少，杂鱼比例过大；淡水的水环境总体水质变差，江河、湖泊、山塘水库的野生鱼数量下降，自然繁殖能力下滑，加之非法捕捞的种种行为，导致淡水鱼资源储量呈下降趋势。另外，受种种因素制约和影响，现在的水产养殖业发展很不平衡，人工养殖面积萎缩，渔场减少，淡水渔业的苗种短缺，水产养殖的各个环节不协调，渔业内部结构失调突出。

2. 渔业资源的利用与保护途径　加大执法力度，保护渔业资源，确定科学合理的捕捞强度，保护渔业资源中野生鱼的自然繁殖过程；实施休渔期制度，严禁种种非法捕捞行为，禁用破坏渔业资源的渔具和捕捞方法，建立水生自然保护区；保护水环境，建立水产资源和水环境的监测系统，大力发展人工养殖业，确保海洋渔业资源和淡水渔业资源的红线储量。

3. 渔业资源的利用保护与生态农业、休闲农业的关系 生态农业其实包括了生态牧业、生态渔业。大型生态农庄，一般都是实行种养结合的立体开发，注重土地的综合效益尤其是生态效益，合理利用和保护渔业资源的目的就是实现渔业的可持续发展，提供赏心悦目的水上养殖景观和绿色安全的水产品，建设生态型的鱼米之乡，提升休闲农业的内涵和品质，使休闲农业能够集休闲、垂钓、观光、健康饮食于一体。在渔业资源保护较好的休闲农庄中，自然水体中的野生鱼种群得到了较好的保护，这些野生鱼比人工养殖鱼的口感更好，深受广大游客的青睐，充分彰显原生态水资源的魅力。

（四）野生生物资源的利用与保护

野生生物构成了丰富的生物多样性，也是自然景观的主角。据统计，目前全球的生物物种大约有 5 000 万种，构成了地球上的生物圈，也形成了若干个不同类型的生态系统。野生生物对生态系统的稳定、生态平衡、物质循环和能量流动具有十分重要的意义，具体体现在：首先，野生生物资源是构成生态系统和生物多样性的物质基础，其多样性构成了复杂的立体的食物网，为各种生物的繁殖、生长提供了良好的条件；其次，野生生物多样性是人类赖以生存和长期延续的前提条件，自古以来，农业、牧业中经济作物和经济动物都来自野生生物，人类需要的木材、药材等的重要来源都是野生生物；再次，野生生物具有丰富的遗传多样性，是人类进行各种科学实验重要的基因库；最后，野生生物多样性具有珍贵的美学价值和旅游价值，决定了大地丰富的自然景观。

1. 野生生物的现状和存在的问题 我国高等植物约 30 000 种，占全世界的 20%，位居第三位（前两位分别是巴西和马来西亚）。其中，裸子植物 250 种，居全世界第一位。脊椎动物 6 347 种，居世界前列。我国作为生物起源地之一，特有物种多（高等植物为 17 300 种，脊椎动物为 667 种）。应该说，野生生物的生存环境不容乐观，生物多样性受到前所未有的挑战和威胁。野生生物的生存压力主要来自人类的扩张、开发、建设和受利益驱使的种种非法行为以及环境污染，导致野生生物的生境遭到严重破坏。自 1600 年以来，全球已有 724 个物种灭绝，3 956 个物种濒临灭绝，3 647 个物种沦为濒危物种，7 240 个物种成为稀有物种。我国的被子植物中有珍稀濒危物种 1 000 种，极危物种 28 种，已灭绝或即将灭绝的有 7 种；裸子植物濒危和受威胁的 63 种，极危 14 种，灭绝 1 种；脊椎动物受威胁的有 433 种，灭绝或可能灭绝的有 10 种。

2. 野生生物资源的利用和保护 野生生物资源的利用和保护也要遵循可持续、永续利用的原则进行合理利用和保护。在这方面，我国做出了很大努力，先后制定了《中华人民共和国野生动物保护法》和《中华人民共和国野生植物保护条例》，明确了对野生生物一类、二类和三类保护。实行野生生物的就地、迁地和离体保护。

（1）野生生物的就地保护。通过建立不同类型的自然保护区有效就地保护野生生物的多样性。自 1956 年在鼎湖山建立首个自然保护区以来，截至 2016 年 7 月 1 日，我国已建立 2 740个自然保护区，类型涉及森林、草地、荒漠、内陆湿地和水域、野生动物、野生植物、自然遗迹等自然保护区，对保护野生生物的多样性发挥了关键性作用。

（2）野生生物的迁地保护。为了摆脱不利的生长繁殖环境，对珍稀动植物进行迁地保护，也是野生生物保护的有效途径。利用植物园、动物园保护野生植物和动物是比较常见的做法。目前，我国利用植物园保护的野生植物数量达到 23 000 种，利用动物园进行有效保护的动物达到 10 万只，已建立以保护野生动物为目的的濒危动物繁育中心、基地 26 座，濒临灭绝的大熊猫、扬子鳄、东北虎已开始复苏。

（3）离体保护野生生物资源。通过获取生殖细胞并进行冷冻处理对濒危动植物进行离体保护也是可行的保护方法。目前，我国已成为世界上遗传种质资源材料最多的国家之一，收集和保存的农作物遗传种质资源总量达到35万份，保存的畜禽地方良种398个，还建立了一批现代水平的动物细胞库和动物精子库。

3. 野生生物保护与生态农业、休闲农业的关系 野生生物的重要生态意义还包括对生态农业和休闲农业的基础性作用。具体来说，野生生物也是生态农业系统中的生物组成成分，对系统的稳定、平衡发挥着不可取代的作用，其多样性对农作物的生物防治不可小视，其中，青蛙、蜻蜓、啄木鸟等野生动物都是捕捉害虫的能手。另外，野生生物构成的生物多样性使大自然呈现丰富的色彩和景观，山清水秀，赏心悦目，空气清新，是休闲农业基地的必要条件之一，是现代人们避暑、休闲观光的理想场所。

四、固体废弃物的治理

（一）固体废弃物污染概述

固体废弃物污染是指人们在生产、生活过程中产生的固体废弃物由于处理和利用不当而造成环境污染的现象。固体废弃物的来源主要是工业废渣、生活垃圾、农业废弃物、商业废弃物、环境治理垃圾和建筑垃圾等。目前，我国的固体废弃物问题相当严重，对人们的居住环境和资源环境构成了很大威胁。卫星图片显示，我国许多城市不同程度地处于垃圾的包围之中。农村的固体废弃物也泛滥成灾，已成为空气、水和土壤的一大污染源。固体废弃物危害主要体现在如下方面：侵占土地、影响环境景观、干扰破坏环境功能、污染水体、污染大气和污染土壤，影响和制约着生态农业和休闲农业产业的发展。

（二）固体废弃物对生态农业的影响

固体废弃物污染与水体污染、土壤污染一样是生态农业生产基地的一个污染源，对生态农业的危害主要是通过对生态农业环境的影响而产生的。由于固体废弃物数量之大和处理不当，大量固体废弃物占用人类的生存空间，甚至侵占土地。固体废弃物经过日晒雨淋，其中的污染物随水进入水体（河流、水库、湖泊）和土壤，造成土壤的有机物和重金属污染，对生态农业的产品产量和品质造成隐性的潜在的威胁和危害，甚至导致农产品的污染物残留。

（三）固体废弃物对休闲农庄的影响

固体废弃物对休闲农庄的影响主要体现在如下方面：

1. 固体废弃物影响景观 美丽的自然景观是休闲农庄的一大特色，也容易受到人为干扰，特别是固体废弃物的影响。休闲农庄在运营过程中将产生大量的固体废弃物，主要是餐饮产生的生活垃圾、游客产生的垃圾。这些垃圾的无序堆放，对农庄的自然景观势必产生严重影响，成为休闲者视野中的一个污点，大煞风景，导致休闲农庄的综合功能的发挥大打折扣，尤其是抑制了休闲农庄的生态美学功能的发挥。

2. 固体废弃物影响生态环境 休闲农庄是一个相对独立的生态系统，也是一个稳定的生态系统，系统内的生物部分和环境部分的物质交换和循环处于一个相对稳定的状态，固体废弃物不仅侵占系统内的空间，而且影响系统内生产者、消费者和还原者三大功能群的动态平衡和相互作用，也会影响这个系统中的食物链和生物多样性，结果扰乱系统中生物之间的制约关系，对农庄中蔬菜、水果病虫害的生物防治是非常不利的。

3. 固体废弃物对休闲农庄饮食安全的危害 餐饮是休闲农庄的一个重要功能，人们在节假日去休闲农庄放松心情，品尝原生态的土菜、土鸡。许多休闲农庄之所以常年游客不断，生意红火，一个重要的原因就是农庄的餐饮特色和纯正味道。这种纯正的生态味道就是农庄自产的绿色蔬菜和土鸡、土鸭，而这些无污染的自产货都源于良好的生态环境。农庄内及其周边的固体废弃物是农庄水源和土壤的一个隐性和潜在的污染源，污染物的成分随地表径流进入水体和土壤，最终进入蔬菜和水果内，轻则影响口感，重则危及饮食安全。

（四）固体废弃物的处置

固体废弃物的处置是指将固体废弃物减量化、无害化和资源化处理和利用的过程，包括物理处理、化学处理、生物处理和固化填埋处理。

1. 物理处理 物理处理法通过将固体废弃物浓缩或相变化（压实、破碎和分选等），改变固体废弃物的结构，便于其运输、处置和利用。

2. 化学处理 化学处理法采用化学方法（如氧化、还原、中和和沉淀等）改变固体废弃物中的有害成分而达到无害化。化学处理常常用于工业固体废弃物的处理。对于休闲农庄而言，也可以对特定的少量的生活垃圾进行化学无害化处理。

3. 生物处理 生物处理法是利用微生物分解固体废弃物中的可降解成分。目前，用得最多的生物处理法是高温快速堆肥处理工艺和厌氧发酵处理工艺。前者是在好氧条件下，利用微生物分解废弃物中的有机物质，从而达到转化和处理固体废弃物的目的；后者则是利用沼气发酵原理处理固体废弃物的方法，此法是固体废弃物资源化利用的方法之一，也是休闲农庄处理固体废弃物比较实用的技术。

4. 固化填埋处理 固化填埋处理法是将固体废弃物经过适当固化（采用水泥、石灰等固化基材将废弃物进行包覆处理），再进行填埋处理。休闲农庄在采用此法时，应注意填埋地点的规划和选择，做到安全、不影响景观。

案 例

长沙县飘峰山庄的污水、土壤和固体废弃物的处理

长沙县飘峰山庄位于长沙县开慧乡，占地约 120 hm^2，是一个种养结合立体开发的集休闲娱乐于一体的原生态型农庄，所生产的蔬菜瓜果和鸡鸭等农产品都是绿色无污染的生态型产品，深受游客的欢迎。尤其是他们的废水治理、废物再利用、生活垃圾分类处理、土壤保护等方面做法值得借鉴。

一、生活废水的治理

这个农庄所产生的废水主要有洗菜、洗衣和餐饮废水，将不同的废水分类收集，不同废水有相应的处理办法。

1. 洗菜废水的再利用 把洗菜的废水收集起来，沉淀数天后，作为浇灌农庄全部盆栽的用水，夏天还可作为农庄菜园的浇灌用水，有时也作为拖地等卫生工作用

水。这部分的生活用水年平均约为 2 000 m^3。通过再利用处理，既节约了用水而降低了营运成本，又控制了农庄内的清洁卫生。

2. 洗衣用水的再利用　这部分废水主要是农庄宾馆内床被衣物洗涤用水，全年大约在 2 400 m^3。这些废水产生后全部在水泥池收集起来，放养水葫芦，吸附吸收废水中的磷等养分，净化后的废水用于冲洗厕所和农用车。当水泥池中的水葫芦密度和生物量过大的时候，则清掉一部分进行适当处理后作为农庄菜园的绿肥。这种绿肥施进菜园后，会迅速腐烂，是一种很好的有机肥，是农庄生态模式的肥料施用方式。

3. 餐厨油腻污水的处理　这部分废水主要来自农庄日常餐厨废水，比较油腻，还含有少量的剩饭剩菜。首先将废水通过用初筛进行过滤，再输入生物滤池进行第一次生物净化，然后通过专用管道进入农庄特有的天然氧化塘（约 0.2 hm^2），让废水通过微生物的氧化和藻类的吸附，约 1 个月后水质得到自然净化。净化后的废水经过检验合格后，再引入鱼塘。

二、固体废弃物的处理

飘峰山庄的固体废弃物主要是日常的生活垃圾和游客产生的固体废弃物。

1. 垃圾分类处理　自 2000 年以来，农庄采取了处理固体废弃物的一整套办法，包括实行严格的分类处理，然后再回收利用。严格按照 3R 原则（减量化、再利用和再循环）处理，使日常产生的固体废弃物不随意丢弃，不污染农庄环境，不影响农庄自然景观。通过分类处理，农庄日常产生的 50%固体废弃物（菜叶、纸盒、易拉罐、啤酒瓶等）得到了回收利用。对于没有回收利用价值的固体废弃物则集中填埋处理。

2. 建立沼气池　飘峰山庄自 2008 年以来，先后建造了 1 个大型沼气池（约 20 m^3），利用农庄的客流和家畜产生的粪便进行发酵，全年可产生沼气约 20 万 m^3。这部分沼气用于餐厨的能源补充，可减少能源成本 30%。这部分清洁能源的补充，可以减少燃煤的使用，因而避免了农庄范围内的大气污染。

3. 使用可降解环保型材料　自 2008 年开始，农庄开始使用可降解的纸杯、饭盒。对这部分废弃物统一进行回收粉碎处理。这种做法大大减少了不可降解性固体废弃物的产生，在全国也是先例，受到了全国同行的好评，被授予先进典型。对于游客带入的不可降解的塑料袋，则集中回收，进行填埋处理。

三、土壤的生态保护

飘峰山庄的农产品都是原生态产品，以味道纯正而著称，受到了各方游客的广泛赞誉。这主要是源于该农庄对土壤的生态保护工作做得到位，做得出色。农庄特别注重土壤的健康和修复，从改善耕作制度、改良土壤的理化性质和土壤的消毒等多方面保护土壤的健康和干净，从源头把控农产品的安全绿色。

1. 改善耕作制度　通过换土、轮作和深耕等措施，保持土壤的合理结构，保持土壤中“水、固、气”的正常比例，使土壤的物质循环和养分库存保持在良好状态。必要的时候还采取休耕措施，以减轻土壤的次生盐渍化程度，使土壤自我修复。

深耕也可以使深层土与表层土混合，可防止土壤板结，保持土壤中养分尤其是矿物营养的均匀。轮作也是改良土壤的有效办法，如蔬菜在设施内连续种植几年后，换种一季露地蔬菜，对恢复地力、减少病虫害都有很好的作用。

2. 改良土壤理化性质 连年种植会破坏土壤的理化性质，使土壤质量下降。通过适当增施腐熟的有机肥，增加土壤的有机质，从而增加土壤胡敏酸和富里酸。另外，对于存在酸化趋势的土壤，可以施用少量的石灰来抑制土壤酸化，改善土壤的酸碱环境，增强土壤的pH缓冲能力。

3. 科学施肥 施肥以有机肥为主，尽量少施或不施化学肥料，若有必要，可以根据土壤库的养分组成情况，通过测土配方适量施入少量的化学肥料，但前提是要与有机肥配合施用，并采用机械深耕使有机肥和无机肥充分混合。施用作物秸秆可以抑制土壤的次生盐渍化，具体做法是：将玉米、稻草和禾本科作物秸秆切碎，再施入土壤并用机械或人力将土壤和秸秆充分混合。

4. 定期进行土壤消毒 土壤中存在着有益微生物，也会产生致病菌，正常情况下，两种微生物是处于平衡状态的，但连作会导致有害微生物的增加，容易引起农作物病害。发生这种情形时就应该考虑对土壤进行消毒。一般采用药剂消毒法和蒸汽消毒法。其中，药剂消毒法主要用于设施内土壤消毒。一般采用甲醛对温室或温床土进行消毒处理，杀灭土壤中的病原菌；采用硫黄粉对苗床土壤消毒，以杀灭白粉病菌和红蜘蛛等；用氯化苦杀灭土壤中的生姜线虫。蒸汽消毒法一般用于室外的土壤，是土壤热处理中常用的方法，也很有效。这种消毒法具有无药剂毒害、不用移动土壤、消毒时间短和省工等优点，还能增强土壤的透气性和保肥能力。

5. 科学防治病虫害 科学选用病虫害的防治方法，可以有效减少农作物的病虫害。飘峰山庄通过预防为主、综合防治的措施，有效控制了病虫害的发生，减少了农药的施用。具体措施为：农业防治、生物防治和物理机械防治三管齐下，大大减少了农药的使用。所谓农业防治就是利用耕作栽培、施肥、灌溉和选用抗病品种等农业技术手段，改善土壤的生态环境条件，以控制病、虫、草害的发生，从而减少或避免使用农药；生物防治则是利用有害生物的天敌、生物农药等办法进行病虫害的控制，例如农业生产上广泛利用赤眼蜂防治害虫技术；物理机械防治就是采用物理方法和机械方法对有害生物生长、发育和繁殖进行人为干扰，例如使用灯光诱杀害虫，人工去除病叶和病株等。

【思考题】

1. 生态农业资源有哪些类型？
2. 生态农业自然资源有何特点？
3. 如何正确处理自然资源的利用与保护的关系？
4. 固体废弃物有哪些危害？如何分类和处置？

5. 水资源、生物资源、土地资源的科学保护对生态农业和休闲农业分别有何意义?

6. 以一个生态农业基地或农庄为例，谈谈生态农业与休闲农业的内在联系。

7. 论述乡村振兴战略对生态农业和休闲农业产业的重要意义。

8. 简述建设美丽乡村与发展生态农业产业和休闲农业产业的辩证关系?

参考文献

卞显红，张光生，王苏洁，2005. 基于社区的生态旅游管理研究［J］. 生态经济（10）：298-302.
陈阜，2011. 农业生态学［M］. 2版. 北京：中国农业大学出版社.
陈家武，2016. 土壤污染修复研究概论［M］. 长沙：湖南科学技术出版社.
池振明，2005. 现代微生物生态学［M］. 北京：科学出版社.
董宏林，王微，2015. 各类农业经营主体的特征及家庭农场的比较优势［J］. 现代农业科技（22）：294-295.
杜相革，2009. 农产品安全生产［M］. 北京：中国农业出版社.
高强，刘同山，孔祥智，2013. 家庭农场的制度解析：特征、发生机制与效应［J］. 经济学家（6）：48-56.
高志强，2008. 农业生态与环境保护［M］. 北京：中国农业出版社.
郭晋平，2012. 景观生态学［M］. 北京：中国林业出版社.
胡昌弟，2010. 生态农产品分类［J］. 湖南农业（11）：18.
胡光志，陈雪，2015. 以家庭农场发展我国生态农业的法律对策探讨［J］. 中国软科学（2）：13-21.
胡玲，诸江，2015. 生态旅游立法刍议［J］. 中南林业科技大学学报（社会科学版），9（3）：5-8.
黄继华，2007. 我国生态旅游景区管理研究进展［J］. 旅游论坛，18（2）：279-283.
黄鹭，2016. 我国生态旅游法律制度研究［D］. 重庆：重庆大学.
黄仕伟，王钰，2014. 中国特色家庭农场：概念内涵与阶段特征［J］. 农村经济（10）：17-21.
姜达炳，2002. 农业生态环境保护导论［M］. 北京：中国农业科学技术出版社.
姜学民，严立冬，1992. 生态农业理论与实践［M］. 武汉：武汉大学出版社.
李刚，2012. 九寨沟自然保护区生态旅游与社区参与互动模式研究［D］. 成都：四川农业大学.
李琴，2015. 生态景区游客管理策略［J］. 合作经济与科技（14）：112-113.
李素珍，杨丽，陈美莉，2015. 生态农业生产技术［M］. 北京：中国农业科学技术出版社.
李文华，刘某承，闵庆文，2012. 农业文化遗产保护：生态农业发展的新契机［J］. 中国生态农业学报，20（6）：663-667.
李文华，闵庆文，张壬午，2005. 生态农业的技术与模式［M］. 北京：化学工业出版社.
李煜，2009. 生态旅游游客行为研究［D］. 北京：北京林业大学.
梁惠娥，王中杰，崔荣荣，等，2016. 女书文化的传播路径与方式考析［J］. 广西社会科学（1）：190-194.
蔺全录，包惠玲，王馨雅，2016. 美国、德国和日本发展家庭农场的经验及对中国的启示［J］. 世界农业（11）：156-162.
刘钦普，1995. 生态农业概论［M］. 郑州：河南科学技术出版社.
刘庆广，2004. 石家庄市自然旅游资源与景区管理研究［D］. 石家庄：河北师范大学.

刘秀琴，蔡洁，刘成文，2012. 农业产业特性及其对农业企业组织结构性维度特征的影响 [J]. 华南农业大学学报（社会科学版），11（4）：11-20.
刘秀青，2012. 基于居民感知的社区生态旅游管理模式比较研究 [D]. 广州：广州大学.
宁清同，梁亚荣，2009. 浅谈我国生态农业的调控与监管法律制度 [J]. 生态经济（中文版）(2)：133-135.
阮晓东，2014. 生态农业新趋势 [J]. 新经济导刊（1）：58-62.
尚玉昌，2002. 普通生态学 [M]. 北京：北京大学出版社.
孙鸿良，1993. 生态农业理论与方法 [M]. 济南：山东科学技术出版社.
孙捷，2012. 社区期权参与生态农业研究 [D]. 南昌：江西财经大学.
谈再红，2017. 农庄赢利秘笈，就是以体验为媒，做好休闲农业产业文章 [EB/OL].（03-21）[2018-04-13]. http：//mp. weixin. qq. com/s/IK-QlOWYRmcKDX ZIyRXd0w.
覃龙华，王会肖，2006. 生态农业原理与典型模式 [J]. 安徽农业科学，34（11）：2484-2486.
谭济才，2014. 绿色食品生产原理与技术 [M]. 2 版. 北京：中国农业出版社.
唐慧，2011. 基于社区参与的乡村旅游景区管理模式研究——以农业生态园为例 [J]. 安徽农业科学，39（9）：5403-5403.
唐年青，2015. 我国休闲农业和乡村旅游与国际规范接轨的研究 [J]. 湖南农业科学（5）：36-38.
王钰，2009. 政府在推进生态农业发展中的作用 [D]. 苏州：苏州大学.
吴晨，2013. 不同模式的农民合作社效率比较分析——基于 2012 年粤皖两省 440 个样本农户的调查 [J]. 农业经济问题（3）：79-86.
吴洪凯，许静，2015. 生态农业与美丽乡村建设 [M]. 北京：中国农业科学技术出版社.
薛达元，戴蓉，郭乐，等，2012. 中国生态农业生态模式与案例 [M]. 北京：中国环境科学出版社.
严贤春，2011. 休闲农业 [M]. 北京：中国农业出版社.
阳征助，2015. 农庄规划设计 [M]. 北京：中国农业大学出版社.
袁以星，朱颂华，张国华，等，2003. 农业标准化与农产品认证 [M]. 上海：上海科学技术出版社.
翟勇，2006. 中国生态农业理论与模式研究 [D]. 杨凌：西北农林科技大学.
张道明，2006. 走进九渡河 百里杏花香 [J]. 养生大世界：B版（5）：21.
张健华，2004. 生态旅游区游客管理研究 [D]. 福州：福建农林大学.
张壬午，计文瑛，2001. 生态农业实用技术 [M]. 北京：中国农业科学技术出版社.
赵晟楠，2009. 景区管理人员生态旅游认证申请意愿研究——以西藏为例 [D]. 杭州：浙江大学管理学院.
周晓钟，2002. 生态农业的基本原理 [J]. 地理教学（1）：8-9.
邹冬生，廖桂平，2002. 生态农业学 [M]. 长沙：湖南教育出版社.

图书在版编目（CIP）数据

生态农业 / 付爱斌主编．—北京：中国农业出版社，2019.6

全国高等职业教育“十三五”规划教材．休闲农业系列教材

ISBN 978-7-109-24270-8

Ⅰ.①生… Ⅱ.①付… Ⅲ.①生态农业-高等职业教育-教材 Ⅳ.①S-0

中国版本图书馆 CIP 数据核字（2018）第 137524 号

中国农业出版社出版
（北京市朝阳区麦子店街 18 号楼）
（邮政编码 100125）
总 策 划 颜景辰
责任编辑 彭振雪
文字编辑 王玉水

中农印务有限公司印刷 新华书店北京发行所发行
2019 年 6 月第 1 版 2019 年 6 月北京第 1 次印刷

开本：787mm×1092mm 1/16 印张：10.25
字数：235 千字
定价：34.00 元